新潮新書

梅田望夫　平野啓一郎
UMEDA Mochio　HIRANO Keiichiro

ウェブ人間論

193

新潮社

ウェブ人間論——目次

はじめに

梅田望夫氏の著書『ウェブ進化論』は、玉石混淆《ぎょくせきこんこう》の新書のベストセラー本の中にあって、まさに新書かくあるべしと言いたくなるような、平易に書かれてはいるが、読む者の世界観を揺さぶらずにはおかない、新鮮な驚きに満ちた本だった。

私はこれを発売後間もなく読んで、ただちに、文芸誌「新潮」の編集部に推薦した。ところが、メールの返事が来てみると、驚いたことに、実は自分たちも同じことを考えていて、さっき『ウェブ進化論』を一冊、そちらに郵送したところだ、とのことだった。

私は、このささやかな偶然を意義深いものと感じた。私たちは、読後の興奮に静かに浸っているのではなく、やむにやまれぬ何かに突き動かされて、もう次なる具体的な行動へと移っていたのである。

ここ数年、私は、インターネットの拡充が現代人の「生」にもたらした決定的な変化について、自分なりに考えを巡らせ、小説やエッセイの形で発表してきた。そうした私にとって、梅田氏の著書は、ウェブ世界の現状及び未来について、多くの点で知識の欠如を補い、誤解を正してくれたというだけでなく、これまで採用していた思考の枠組み自体を思いきって「更新」する必要を感じさせるものだった。これは、問題意識を共有していた文芸編集者にとっても同じであっただろう。

「新潮」編集部は、私に早速、梅田氏との対談を提案し、私はそれを願ってもないこととして快諾した。幸いにして、梅田氏もまた、この畑違いの企画に興味を示された。氏が雑誌「フォーサイト」(新潮社の会員制月刊誌)で連載を持たれていること、また拙著『葬送』を愛読してくださっていたことも僥倖《ぎょうこう》だった。

こうして実現した企画により、私たちは初対面ながら、実に八時間ものマラソン対談を行い、その膨大な内容の一部を二号にわたって「新潮」誌上に掲載した。これが幸いにも好評を得て、新書化の運びとなり、更に八時間の議論を追加して誕生したのが、この『ウェブ人間論』である。

梅田氏と私とは、職業はもちろん、経歴からして、およそ懸け離れた世界でそれぞれにものを考えてきた人間であるが、にも拘《かか》わらず、これほどの長時間にわたって密度の濃い議論をすることが出来たのは、二人の間に、「ウェブ進化」によって、今、世の中はどう変わりつつあるのか、そして、人間そのものがどう変わりつつあるのかということへの素直な関心があったからである。これは言うまでもなく、同時代の多くの人が抱いている関心だろう。

私たちには、自身の堡塁《ほうるい》を守って、相手を論破してやろうという野心が、最初からふしぎなほどなかった。議論というものは、喧嘩腰くらいの方が面白いと考える人もいるかもしれないが、そうしたやりとりは、見せ物としては面白かろうが、結局のところ、得るところは少ないものである。見解の相違が鮮明になることはあったし、議論がそれぞれのアイデンティティに触れるような場面では、言葉が緊張を孕《はら》むこともあったが、私たちの労力は、総じて、多岐にわたるテーマに根気強く取り組み、様々なアプローチを試みて、出来るだけ議論を深め、その発展の可能性を探ることに費やされたと信じている。

十六時間もの対談を通じて、私は梅田氏の真摯《しんし》さに心を打たれたし、私もまた同じ真摯さで応じたいと思った。未知の世界を興奮と共に楽しむ、氏の旺盛な好奇心にも魅了された。そして、何よりも喋っていて楽しかったし、さすがに終わればヘトヘトになったが、その疲労感にも充実があった。どんな変人でも、苦痛で退屈な話をこんなに長くは決して続けられないものである。その意味で、私はこれが、読者にとっても刺激に満ちた面白い内容となっているのではないかと手前味噌ながら期待している。

ウェブについての私の知識の浅さから、氏が、もどかしく感じられたことも多々あったとは思うが、そうした時にも、非常な懇切さで説明の煩を厭《いと》われなかったことを深く感謝している。その懇切さは、ウェブ世界に必ずしも明るくない読者にとっても、ここで大いに助けとなるであろう。他方、私の発言中の一般にはあまり馴染みのないような思想家やその著作についても、あえてそれらを削除しなかった。私はそうした記述が、無用なペダンチックな印象を与えることを恐れたが、むしろ、これをきっかけに読者の関心が多方向に広がってゆくことを重視して、議論を滞らせぬ程度にゲラで加筆もした。

日本におけるインターネット元年は、一九九五年と言われている。たった、十年ほど前のことである。しかし、私たちは最早、それ以前の生活を実感として想像し難《にく》くなっている。ネットがなかった頃、仕事はどうやって進んでいただろうか？　友人とはどうやってつきあっていただろう？　いや、そもそも自分自身は、どんなだっただろうか？

——ウェブ2・0という新たな局面を迎え、更に驚くべき変化を遂げつつある状況の中で、私たち二人は、ともかくも話し合った。現在について、そして、未来について。

この対談が、ジャンルを超えた幅広い語らいのきっかけとなれば幸いであるし、また内容に関する多方面からの批判についても謙虚に受け止め、今後の糧《かて》としたい。

ここで顔をつきあわせて話し合ったのは、二人の人間に過ぎないが、対話はきっと、届けられたその先々で、ページを開いた誰しもを、その都度新たな参加者として歓迎するだろう。

平野啓一郎

二〇〇六年十月

第一章　ウェブ世界で生きる

●ネットの世界に住んでいる

平野　インターネットが人間を変えるのであればどのように変えるのだろう、ということにずっと興味があって小説やエッセイを書いてきたんですが、このたび梅田さんの『ウェブ進化論』(＊1)を読んで大いに刺激を受けました。

梅田　僕もずっと平野さんの小説は読んできたので、この対話を楽しみにしてきました。以前、ブログに平野さんの大長篇作品『葬送』(＊2)の感想を書きましたが、あの本が刊行された二〇〇二年は、同時多発テロ（9・11）の後で、自分の生き方を変えようとしていた時期だったんですよ。前半生と後半生の区切りだと思い、「自分より年上の人と過ごす時間をできるだけ減らし、自分より年下の人、それも一九七〇年以降に生まれた若い人たちと過ごす時間を積極的に作ることで次代の萌芽《ほうが》を考えていきたい」という決断をしたのですが、背中を押してくれたのは『葬送』にあった言葉でした。主人公のドラクロワが、自分の絵が未来に残るためには自分より若い人たちが評価してくれなければならない、と確信する場面があったと思いますが、あれにすごく啓示を受けた。ああ、自分がこれからやろうとしていることは間違ったことではないんだなと感じました。

平野　そんなふうに読んでいただけたとはうれしい限りです。僕は時代の変わり目というのにすごく関心があるんです。そして現在も極めて大きな時代の変わり目の一つだと思っているんですね。『葬送』の十九世紀パリの時代も革命があり、みんなが自分の生き方を考えた時期だったはずで、だからこそ、ああいう激動の時代を見ることはかならず現代において意味があるんだと信じて書いていたのですが、単なる懐古趣味だと受け取る人も多かった。梅田さんのようにまさしくいま一番変わりつつある業界にいる人が、現代と重ね合わせて読んでくださったというのは、作家としてとても励まされます。

『ウェブ進化論』にはいろいろな意味で衝撃を受けたんですが、一つはまず単純に僕が知らないことがかなりあって勉強になったということ、もう一つはこの本全体に漂っているある種のさわやかさなんです。カリフォルニアの燦々《さんさん》と輝く太陽が、日本のジメジメしたネットに関する言説空間に差し込んできたような印象でした（笑）。僕なんかよりずっとネットの世界の色んな部分をご存じのはずの梅田さんが、あえてこういう力強いオプティミズムの態度を打ち出されたということに意味を感じました。

梅田　そう言ってくださるとうれしいです。

平野　まずは梅田さん個人にとって、ネットとは何だろうか、というところからお話を伺いたいんですけれども。

梅田　今の僕は、朝四時に起きてトータルで一日八〜十時間位ネットにつながっていて、「ネットの世界に住んでいる」という感覚なんです。僕の仕事は、アメリカで考え事をして、二ヶ月に一度日本に戻り、日本企業の顧客と議論するというスタイルなので、ここ数年で、米国での日々は完全にネットに依存した生活に変わってしまいました。それで、東京にいる間は、打ち合わせなどリアル世界で朝から晩まで忙しいから、ネットに住めない。だから僕にとって、「アメリカに帰る」と「ネットの世界に帰る」は同義で、とても変な話に聞こえるかもしれないけれど、ネットの世界って今の僕にとってとても「リアル」なんですよね。

平野　その感覚は興味深いですね。

梅田　東京にいて困ってしまうのは、ネットの世界にいる時間が限られていることです。リアルの打ち合わせの合間に少しでも時間があれば、ネットの世界に戻りたいって思う。「メールチェックするんですか」とよく聞かれるんだけど、それだけじゃなくて、もう少しディープにネットの世界に戻って、そこで起きていることを見に行く、という感じがあります。

平野　具体的には、いつもチェックされているブログをざっと見るとか、そういうことですか？

梅田　ネット上の僕の分身が僕のブログだから、そこはまず行きます（「My Life Between Silicon Valley and Japan」(＊3)）。現実世界でも、「家、火事になっていないかな」って心配したり、家族が元気かどうか確かめるために電話したりしますよね。それに似た感じで、僕の分身はちゃんと元気にしているだろうか、何か異変が起きていないかを、まず確かめに行きたいんですね。そしてその分身を取り巻く生活の雑事を処理していく。

平野　「分身」というのは、その漢字の字面からして生々しい表現ですね。

梅田　日本で「㈱はてな」(＊4)という会社の経営に参加しているんですけれど、そこはネットの世界の若者たちの文化を体現したような会社なんです。メールはあまり使わず、報告事項などもすべて、社内ブログで全員に向けて発信しています。また朝のミーティングを録音して社内のグループウェア空間にアップする。いろんなミーティングがネットの上に時空を飛んで上がるんですよ。全部はとても聞けないけど、だいたい聞きながら他のネットを見たり。それで何かこれまずいなと思うと、おもむろに社内グループウェアの空間に「おいおい、ここはこうしたらいいよ」と書き込む。その空間はいつもライブになってるから、気になる人はすぐに何か反応を書く。僕の後に五人書き込んだというのがわかると、返信したり、スカイプ[*5]で話したり、インスタントメッセンジャー[*6]とかやってると、ちょっとこれ見てくださいとかいって、URLがポーンと飛び込んで来て、それを見にいくと今度はアメリカの新しい会社のサイトだったりして。そんなふうにネットの世界の中に住んでるというか、泳いでいる感じです。

　少しまとまった時間があれば、いつもチェックしているブログを見に行きますが、それだけでも、英語のもの、日本語のものあわせて三百から四百くらいあります。気になっている人三、四百人の日常や、いま考えていることを、シャワーのように浴びるっていう感覚でしょうか。たいへんな刺激です。もちろんリアルの友人のブログもその中に含まれますが、それは全体でみればわずかですね。

平野　僕が二〇〇四年にパリに住んでいた頃に、ネットカフェがバーッと出来ていったんです。その理由の一つは、当時のパリでは、自宅のネット接続がまだかなり遅くて、やっとADSLが出てきたというような調子だったからだと思いますけど。パリには電柱も電線もないし、ああいう古い街で石畳を掘り返して光ファイバーケーブルを通すのは大変だというような話を聞きました。ただ、そのネットカフェの光景が、最初フランス人にはかなり奇異に見えたようです。パリのカフェって本当に人がお喋りする場所で、いつ行ってもフランス人がダラダラ喋ってるという空間だったのに、今や誰も口を利かずに隣の人でなく何千キロ、何万キロと離れた場所の人とずっとやり取りしてる。向こうは、カフェでも郵便局でも、店員であろうと客であろうと、とにかく日本よりもずっとよく喋る文化なので、これはどういうことなんだ⁉︎という感じが、特にネット文化に親しみのない世代の人たちの間にありました。その時に、世界中どこでも、本当にコミュニケーションの際の「時空」の把握の仕方が変わってきてるなという印象を強く受けました。実際にお互いの体を寄せ合って、面と向かってやりとりするというのがコミュニケーションの原初的なイメージだったわけですが、手紙や電話とはまったく別次元で、隣にいる人よりも、距離的にはずっと離れている人の方が近しい感じがするというのは、ネットの世界の画期的な新しさですね。これは、頭でというより、感覚的に理解されることだと思います。

梅田　そうですね。「時空」の把握の仕方は、本当に変わりましたね。では、ネットの世界を生きているというのがどういうことなのかを具体例でお話ししましょう。「フォーサイト」主催の講演会が二〇〇五年九月にありまして、講演を終えて、打ち上げで食事をして、疲れてフラフラになってホテルに帰りました。でもすぐには寝ずに、分身がどうなっているかをネットに確かめにいった。そうしたら案の定、まだ講演終了して二時間半しかたってないのに、僕の講演の詳細な筆記録が、ある読者のブログ上にアップされて、僕のブログにトラックバック(*7)が入っていたんです。これは明らかに分身の身に起きた異変ですよね。何か対処しなくちゃいけない。これをアップした人は見ず知らずの人だったけれど、一生懸命会場でパソコンに向かってノートを取っていただろう人で、その情報公開に悪意が全くないということはブログの文面からすぐわかった。「いい講演だったから、会場に来られなかった人とその内容をシェアしたかった」というのが彼の動機だと容易に想像できました。だけどこの講演会は「フォーサイト」読者限定の講演だから、詳細内容がネットにやすやすと載るのがいいことかどうか悩ましい。僕はどう対処すべきだろうと考えながら、とりあえず朝までは寝ました。それで、翌朝きちんと考えて、「僕が誰よりも先にこれを認めてしまおう」という結論に辿《たど》り着いて、再びネットに向かったわけです。

厳密に言うと、著作権の問題が僕にも「フォーサイト」側にもあるけど、彼のブログにも「こんなことしていいのか」というきついコメントが書き込まれはじめていたから、「貴兄は、僕が講演者だから、講演内容はオープンにしてもいいと考えるはずだと思って筆記録を公開したんでしょう。今回はいいですよ。でも時と場合によってはダメなケースも多いから気をつけたほうがいいよ」と、僕自身が言うことで事態の収拾を図りました。結果としては、筆記録をアップした本人が恐縮して、「自分は著作権のことを考えもしなかった。コンピュータの世界では割合当たり前に行なわれていることだったから。でも守っていただいてありがとうございました」と連絡があった。そしてその筆記録はネット上でとても多くの人に読まれて、そこから「フォーサイト」の定期購読者が増えたりもしたんです。そして彼は、ネット上の皆から感謝された。あとで、その彼とはリアル世界で出会いましたが、初対面と思えぬ親密さで仲良くなりました。あのときのやり取りには、まさに「ネット世界を生きた」という実感がありましたね。

平野　ネットでは、そういうことが、今色んな場所で、色んな形で起きているんでしょうね。それに対して、何がルールなのかを、みんなで手探りしている状態なんでしょう。

梅田　同じような例で言うと、『ウェブ進化論』が出版されて三日目に、本の序章を詳細な概念図にしたものがネット上に載ったんです。綿密なマップで出来がすごくいい。でも、出来がいいというのは、本の内容そのものが流出することも意味する。ネット上で「すごい、すごい」と話題になり始めた。そして、「第一章以降もマップにしていきます」とか書いてある。「フォーサイト」での講演は「ＯＫ」と判断したけれど、こっちは明らかにまずい。それで本当に数時間ごとに一章ずつ、すごいのができてネット上に公開されていきました。これはとてつもない能力を持った人がやっているなと思った。それでコメント欄を通して彼と連絡を取り合って、「序章だけは公開してもいいから、第一章以降は非公開で頼むよ」という合意に至ることで、多くの人の目に触れる前に収束しました。ネットに住むように生きていないとリアルタイムでこんな対処はできないですよね。ネットの中に住むって、こういうことなんです。

●検索がすべての中心になる

平野　僕がデビュー作『日蝕』(*8)を書いたのは九六年から九七年にかけてなんですが、当時はネットをやってなかったんです。あれは片っ端から読んでた本の参考文献だの引用文献だのを必死で京都の本屋や古本屋を一軒ずつ回って集めて書いたんですね。もちろん、図書館も大いに活用しましたけど。で、その後に友だちに、「ネットで検索したら古書店のサイトがあるよ」とか「全国の大学図書館の蔵書が検索できるよ」とか教えられて、やってみると、いとも簡単にリストが出てきて、しかも郵送ですぐにでも取り寄せられるということを知りました。僕はその時に、文士ぶってテクノロジーに背を向けていていいことは何一つないというのを、費やした時間と労力とで骨身に染みて感じたんです。だから、『葬送』の時には、かなりインターネットを駆使したんです。今、あの作品を客観的に振り返ると、情報量という意味では、あの年齢で、あの期間で、あれだけの小説が書けたということが、我ながらちょっと不思議なんです。それは、僕にものすごい才能があったからということではなくて、やっぱり一つにはネットのおかげだと思うんです。実際はネット上に、例えば登場人物のドラクロワという画家についての有益な情報、あるいは信用に足る情報はほとんどなくて、参考にしたのは専《もっぱ》ら本でしたけど、ただ文献検索は本当に役に立ったんです。自宅にいながらにして、世界中の研究書が検索できるわけですから。あれで仕事の効率は格段に上がったと思います。

梅田　『ウェブ進化論』でアマゾンの「なか見！検索」(*9)について書きましたが、これからすべての書物はデータベース化されて検索可能となる方向へシフトすると思うんです。検索で引っかかってくる内容の充実というのは、次の十年のトレンドですね。ここまでは主にそれが理系のところで起きたけれども、次の十年は文系の方までその波が及んでくる。

平野　なるほど。

梅田　その先に、『ウェブ進化論』でも紹介した将棋の羽生善治さんの「高速道路」論というのがあって、「ＩＴとネットの進化によって将棋の世界に起きた最大の変化は、将棋が強くなるための高速道路が一気に敷かれたということです。でも高速道路を走り抜けた先では大渋滞が起きています」と彼は言うわけです。僕はその大渋滞を抜け出せるかどうかのカギの一つに、構造化能力というのがあると思っています。膨大な文献を素材に『葬送』という小説を書くなんていうのは、その構造化能力の最たるものですよね。

平野　情報処理のことで面白いと思うのは、八〇年代に活躍したいわゆるニューアカ世代の一部の人たちには、今でも、あらゆる情報に網羅的に通暁して、それを処理することが出来るというふうな幻想が垣間見えることがあるんです。書評を書いても、「こんなこと今頃書いているけど、すでに誰々はこんなことを言ってる」という具合に、トリビアルな知識を披瀝することで、作家であり批評家であるなら、何でも知っているべきじゃないかと主張するような一種のスノビズムがある。僕は、文学史に自覚的なタイプの作家だし、勉強するのは基本的にはいいことだと思うので、それも分かるし、僕自身がそういう語り方になってしまうこともあります。実際に、七〇年代から八〇年代にかけて、確かに日本に入ってくる情報の風通しはかなり良くなったんだろうなと思うんです。だけど、九〇年代後半以降のネット検索時代を経ると、情報なんてものは、そういう一部の「専門家」だけじゃなくて、誰でもがアクセスできるし、そもそもがとてもひとりの手には負えないほど膨大で、結局は、選択的に自分の関心のある世界のものだけに手を伸ばすか、大雑把《おおざっぱ》な全体の把握に努めるくらいのことしかできないという認識が一般化したと思います。その前者の先鋭化したものが「オタク」でしょうし、アカデミックな世界の専門の細分化にも影響を及ぼしていると思います。だから、今、「誰々が既にこんなことを言っている」と書いてみても、みんな、あっそう、としか思わないんじゃないですかね。それは、たまたまオレが知らなくて、オマエが知ってることだな、くらいにしか感じないかもしれない。その相似、あるいは相違が何を意味しているのかというところまで、キチンと議論を掘り下げなければ評価されないでしょう。これは僕は、いいことだと思いますね。作家でもアカデミックな世界の研究者でも、知ってる、ということだけでは、もう威張れない。ネットの検索機能を利用すれば、誰もがその知識にアクセスできるわけですし、些末な知識は網羅的な知識の象徴ではなくて、たまたま知ることとなった一知識でしかない。

梅田　検索がインターネット時代の中核技術だということが、僕も最初はわからなかったですね。一九九八年にシリコンバレーで創業したグーグル(＊11)という会社だけが、検索がすべての中心になるという世界観を持っていたんです。

平野　そうですね。『ウェブ進化論』で、「グーグルは自らのミッションを『世界中の情報を組織化（オーガナイズ）し、それをあまねく誰からでもアクセスできるようにすること』と定義している」という文章を読んだとき、やっぱりちょっとスゴイと思いましたね。

梅田　グーグルというのは、検索エンジンという概念やシステムそのものを発明した会社ではないんですよ。すでにもっと前からアルタビスタなどの検索エンジンが色々と出来ていて、グーグルは後発なんです。そんな中でなぜグーグルが勝ったのか。いろんな理由が言われますが、僕は「思想の有無」の差だったと思います。検索エンジンのネット時代における意味を唯一正確にとらえていた会社がグーグルで、今思えば二〇〇三年くらいまではグーグルのどこがすごいのか、ほとんど誰にもわかってなかった。

平野　最初は、妙に詳しい情報まで出てくる検索エンジンを作った会社だというくらいの認識でしたしね（笑）。

梅田　その証拠につい最近まで、ヤフー(*12)もグーグルに検索をアウトソースしていたわけです。ヤフーのサイトで検索エンジンを使うと、あれは実はグーグルに飛んでいた。つまり検索エンジンは、ポータルサイトにとって「用意しておかなきゃいけないメニューの一つ」にすぎないとほとんどの人が思っていた。ところがグーグルだけは、「検索がネットの中心」だと思っていて、それが正しかった、ということだと思います。

一九九五年から二〇〇五年までの十年というのが、インターネットの時代だとすれば、おそらく二〇〇六年からの次の十年というのはグーグルの時代＝検索エンジンの時代なんですよね。グーグルは、検索エンジンの意味を体現して、情報の層（レイヤー）を全部押さえ、整理し、整理対象となる情報をもっともっと広範囲にしていく、ということをやり続ける、そういう意志を持った会社です。

●「ウェブ2・0」への変化

平野　その最初の十年が「ウェブ1・0」で、これからが「ウェブ2・0」という理解でいいんでしょうか？　社会全体として状況を見ると、ネットに費やす時間は、インフラが整備されて、通信速度が上がった頃から、飛躍的に増えたという印象ですが。

梅田　ただ利便性、コンビニエンスというのは、まだ1・0の感覚なんですよ。利便性以上の変容を迫るのが2・0なんです。

平野　なるほど。その辺りの話から、少し詳しくうかがっていきたいですね。

利便性というのは、基本的には一人の人間が、たった一つの身体に物理的に拘束されているという条件からの解放なんだと思うんです。たとえば、先ほどの遠くの人とある時間ユニケーションが取れないというのも、要するに体が一つしかないために、とコミと場所とに縛られてしまっている状態のことで、この不可能をメールやチャットが可能にしてくれた。あるいは、靴を履くのは、裸足で歩くと怪我をしてしまうからで、そういう脆弱《ぜいじゃく》な体しか持っていない人間が、ゴム底の靴を履けば、もう怪我しなくてすむ。ああ、便利だと。広い意味での道具の開発、要するにテクノロジーの進歩というのは、そうした利便性の追求だったと思うんです。そうした理解の延長線上で、ネットで生活が便利になった、と感じていたのが、つい最近までだったし、今でもそこから先には進んでいない人も多いんじゃないかと思いますが？

梅田　ブロードバンドでアクセスが速くなるとか、ネットで本が買えるとか、九五年から二〇〇〇年にバブルがはじけるまでは、まだそういう利便性の追求まででした。そこから、もしインフラがどんどん整備されていくだけだったなら、多分今も1・0は続いていたでしょう。その上にグーグルが生れなければ、今もそのままだった。

平野　ええ、ただ、インフラの話をしたのは、通信速度が速くなって常時接続になったお陰で、圧倒的にネットが身近になって、誰もが「ネットで何かしよう」という気になったんじゃないかと思うからです。ダイアルアップで、接続時間と料金とを気にしつつ、重たい動画や画像をイライラしながらやりとりしていた時には、ネットの世界は、なんというか、めんどくさい印象だったし、限定的な利用に止まっていた気がします。少なくとも、その中に「住む」という感覚からはほど遠かった。その心理的な抵抗感が取り払われたということですが。

梅田　もちろんそうです。そういう利用者の変化が、2・0への変化の前提にあります。ただそこまでは、ネット到来時、つまり1・0の時の「変化の実感」の延長線上でとらえるべきだと思います。インターネットがない時とその後という区分けの範囲だということですね。グーグルが出てくる前だけど、みんなネットの可能性に興奮してた。九五年にヤフーが出てきて、すごいと騒いでいた。そしてeベイ(*13)やアマゾンが出現してさらにすごい、と。この三つが組み合わさる上に、次から次へと新しいベンチャーができて、もう大変なことになるんじゃないか、とみんな感じていたんです。

たとえば2・0の特徴のひとつとして「参加型」ということがよく言われます。ただ1・0の頃からホームページを作ることはできたわけで、昔から「参加型」ではあるんです。でもグーグル以前は、世界の片隅でホームページで何か書いても、ほとんど誰にも届かなかった。でも今は、検索エンジンなどを介して、同じ関心を持つ人がつながることができるようになったわけです。

平野　どうでしょう、そういう観点からすれば、この2・0がもたらした事態も後から見れば「ささやかな変化」ということになるんでしょうか？

梅田　「ささやかな変化」以上のものだとは思いますが、こういう大きな変化が十年に一回ぐらいずつは起きるでしょう。２・０への変化というものだって、今の時代で終わりじゃなく継続的にどんどん続いていくし、その主役もグーグルが最後じゃないですよ。

平野　今後何が起きるかについて、梅田さんなりの見通しというのは現時点であるんですか？

梅田　わからないです。一九九八年に創業されたグーグルですが、その前の九六年からスタンフォード大学で検索エンジンを作り始めていました。その最初の数年間は「史上最大のグラフ構造を分析する」という数学的研究に邁進《まいしん》していて、その成果が少しずつ出てきたのがネットバブル崩壊後の二〇〇一年です。だから今ウェブ２・０だなんてみんなが騒いでいるけれど、次のグーグルになるような新しい技術開発が水面下ではもう進行しているのかもしれない。

平野　ネット時代になって、みんな情報の価値をこれまで以上に実感し始めたんじゃないかと思うんです。ネットの言説空間の中では、多くの場合、ある人が、リアルな世界で何をしているかという社会的な属性が厳密に特定できませんから、発信され、交換される情報の質や量によって、その存在価値が決定されている。こうしたシステムが出来上がった背景に、コードを書くプログラマーの世界観があったのかどうか、僕はちょっと分かりませんが、いずれにせよ、そこで検索エンジンというのは決定的な意味を持ったんじゃないですかね。

梅田　世界の結び目を、自動生成する機械なんですね、検索エンジンは。リアルタイムでどんどん更新されているすべての情報を、常時取り込んで整理している……。大組織のトップとか、社会的な地位の高い人や有名人には、それがどんなにすごいことなのかが見えないかもしれない。電話一本かければ良質な情報を与えてくれる人が周りにいるわけですからね。でも、そんな環境にいない人、未知との出会いを求めている若い人たち、勉強したいという気持ちを切実に持っていて時間がたっぷりある人にとっては、検索エンジンの有用性というのは計り知れない。SNS（ソーシャル・ネットワーキング・サービス）(*14)もそう。「えっ、友だちの友だちにこんな人がいるの？　その人と友だちになれるの？　そのためのコストが一円もかからないの？」というネット空間の新しい価値は大変なものです。

平野　テクノロジーの進歩は人間の本質を変えることは出来ない、人の「心」は変わらないんだ、という考えを表明する人が、特に保守的な思想の持ち主の中に見受けられますが、やっぱり、変わるでしょう。どう考えても、狩猟時代の人間と今の人間の精神構造とがまったく同じだとは考えられない。テクノロジーが発展すれば人間の生活の条件は大いに変わるし、人間自体も劇的に変容するでしょうね。

●ネット世界で日本は孤立する

平野　インターネットによってグローバリゼーションが進むとよく言われますが、一面では逆に一人の人間のナショナリティは強化される方向に向かうのではないかと思ったことがあるんです。パリにいた時、向こうにいてもヤフーのニュース動画とかネット版の新聞のおかげで、日本で今何が起こっているかというのを、リアルタイムで簡単に知ることができたんですね。でも何十年も昔に留学などでパリに行った人は、日本でだけ共有されている体験から否応なく切断される分、フランス社会との同化のスピードが早かったんじゃないかという気がします。共同体の構成員って、神話であれ、歴史的事実であれ、日々の事件であれ、出来事を共通の記憶として所有していることが一つの原初的な条件だったわけですけど、それが、テレビの電波と出版物とで国家の単位にまで拡張された後に、とうとう国境を越えることになった。フランスにいても、僕の知っている日々の情報と、フランス人たちが知っている日々の情報との間には国境が引かれている。日本語の情報そのものは世界中から閲覧可能でも、それを読めるのは主に日本人ですから。その国境は、そのまま、僕と彼らとの間に引かれたものだという感覚を持ちました。

梅田　そうですね。僕などはアメリカに十二年住んでいますが、昔の人が日本から切断されて十二年生きたのに比べたら、アメリカ社会への同化の程度は低いと言えるでしょうね。ただ国境と言うときに考えるべき単位は、国というより言語圏ではないでしょうか。日本の場合、日本という国と日本語圏がたまたま一致しているので議論が難しいのですが、ネットは国の壁は超えられるが言語の壁はなかなか超えられないというのが僕の感覚ですね。

平野　確かにそうです。僕の実感というのは、結局、日本人としての実感でしたから。

梅田　そう考えると例えば英語圏やフランス語圏というのは、ネット上の言語の大陸のようになっていくのかもしれません。その中で、日本は国民と言語が一対一対応しているがゆえに、ある種の孤立を強いられる可能性があります。サミュエル・ハンチントンの『文明の衝突』に、「多文明世界で、日本は孤立する」という表現がありますが、ネット世界でもそれと似たようなことが起きていくんじゃないでしょうか。

平野　たとえば、フランスとマリやコートジボワールのようなフランスの旧植民地のアフリカの国々は、ネット上のフランス語を介して、再接近するのかもしれない。そうすると、旧植民地で独自に発展したような言い回しなんかが、フランス語の標準的な表現に再征服されてしまうという現象も考えられますね。単に情報を閲覧するというだけでなくて、フランス本国の検索エンジンに引っかかって、フランス本国の人にメッセージを届けたいと思ったら、綴りや表現もフランス本国のフランス語を標準としたものに合わせた方が可能性が高くなる。これは、旧植民地の問題を考えるポストコロニアリズムのような学問でも、新しい展開になりうるかもしれない。現地のネット世代の若い子たちが使っているフランス語を調査してみると面白いと思います。

●自動翻訳の将来性

平野　ところで、ネットにおける自動翻訳の将来性というのはどうなんですか？　以前からずっと、日本には英語公用語化論があります。現実的には、例えば公文書が日本語、英語の両言語併記になるコストだけを考えてもちょっと不可能な発想ですし、意味もないと思いますが、日本人みんなが何らかの方法でかなりの程度英語を話せるようになるのにかかる時間と、翻訳機械が一応意味ぐらいとれるまでに発達する時間っていうのはどちらが早いんだろうと、冗談半分に考えてみることがあります。

梅田　自動翻訳は、「一応意味がとれる」程度ではダメだということが、難しいところだと思います。人間が普段コミュニケーションをとっている時を百点満点としたら、「一応意味がとれる」はおそらく十点とか二十点で、それを百点満点近くにもっていくのはかなり大変なことです。

技術の未来予測はこれまでに色々と行われて来ましたが、予想を上回るスピードでかなりの技術が実現されてきました。特に小さく軽く安く……というわかりやすい目標は、全部予想を上回るスピードで実現した。ただ三十年くらい前に立てられた「二〇〇〇年には自動翻訳電話ができる」という予測だけは大外れで、今もまるで実現の目処《めど》が立ちません。ハードウェアのチープ革命は予想可能だから、このぐらいのソフトウェアが載せられるだろう、というのは予想できる。だけど、そのソフトウェアで人間が本当に満足するかどうかは難しいんですね。こうやってネイティブな言語で話すというのは、人間のとても高度な行為なんだと思います。

平野　そうですね。分からない単語をクリックして複数の辞書的な意味の一覧が瞬時に表示されるくらいのことは出来るでしょうけど、文脈に照らして考えるのは、最後まで人でしょうね。

梅田　だから、グーグルが実現させるぞと表明している目標の中で、彼らが言うほど簡単には出来ないだろうと僕が思っているのは「翻訳」ですよ。グーグルの技術者連中は今、万能感を抱いているから、インターネットの情報は言語を越えるなんて軽く言うんだけど、おそらくそれだけは難しい。

平野　僕は作家なので、いかにして自分の作品を海外に広めていこうかという時に、必ず翻訳の問題につきあたるんですね。翻訳されるかどうかというのは、作品の内容はもちろんのこと、個別の海外マーケットの性格から、文体の難易度、話題性、翻訳家、出版社の趣味や熱意といったことまで含めて様々な要因によって決定されています。もし仮に本をダウンロードで読む時代になったとしても、翻訳過程だけはどうしても省略できない。音楽がネット上で国境を越えてやりとりされるのとは、大きく違っています。文学は特殊な例だとしても、一般のコミュニケーションのレベルでも機械翻訳が難しいとなると、結局は人間の翻訳者を使った方がいいという状況が続くんですかね？

梅田　ええ、そう思います。翻訳については、実は人力が一番であり続けるでしょうね。二〇〇五年六月、アップルのスティーブ・ジョブズ(*15)がスタンフォード大学卒業式で素晴らしいスピーチをしました。スタンフォード大のサイトに行けば映像も見られるし、音声でも聴けるし、英語のスピーチ文章もありました。でも英語だから、日本人の間では普及しなかった。今だって未熟な翻訳サービスでよければネット上にあるから、それを使って読んだ人も少しはいたんです。でもある時、日本人の誰かが、ネット上にすごく上手な翻訳をアップしたんですよ。そうしたら、その文章が日本人の間でも爆発的に広まるとともに、さらに翻訳にもいくつかのバージョンが出来たんです。だから、すごく大事な文章は、ネット上の人力で言語の垣根を越えていくと思います。ただ、ボトルネックになるのは、リアルタイム性と網羅性ということで、自動翻訳機械ができないとリアルタイムでのすべての文章の翻訳や通訳は難しい。それは、今後の大きな課題だと思います。

ただ、今の小学生くらいの世代は、未熟だけど少しずつ進歩する翻訳ソフトの存在を前提に、翻訳ソフトにかけたときに意味が通じやすい言葉をネット上では使って、しなやかに「言葉の壁」を越えていくかもしれません。

●ブログで人は成長できる

平野　梅田さんは新書や文庫という旧来型の紙という媒体で本を出される一方で、ウェブ上ではブログを書かれていますが、両方を経験してみて、どういった印象を持たれてますか？　僕も遅ればせながら、ブログを始めましたが。(＊16)

梅田　まずブログというのは、ネット全般にいえる傾向でもありますが、まとまったものを読むには不向きです。書くほうも読むほうも、一日せいぜい多くても原稿用紙で五枚から十枚くらい。だから、読み方もじっくり読むというのではなくて、情報をパッパッパッパッと見て、リンク先に飛んで戻ってという情報ハンティングですよね。断片を消費するのに近い。

平野　朝、新聞をざっと読むような感じで、ということですか。

梅田　そうですね。ブログは書き始めて四年になるんですが、自分でやってみて痛感したのは、文章の推敲が足りなくても、少々誤字があってもいいから、リアルタイム性と勢いが必要だということです。かえって推敲が足りないほうが突っ込みどころがあって、議論が盛り上がる場合もあります。

平野　なるほど。そこで『ウェブ進化論』を書かれたモチベーションとしては、ネットの中で十分に語り尽くせないものがあったということでしょうか。

梅田　語り尽くせないことがあったというよりは、思考を構造化したかったということですね。考えを一つの構造にまとめるのに適したメディアはやはり本しかないと思いました。

平野　物書きが生業《なりわい》の人ならともかく、梅田さんのような方がそうおっしゃることのインパクトはあるでしょうね。

梅田　むしろブログの本当の意味は、何かを語る、何かを伝える、ということ以上に、もう一つあるのではないかと感じています。ブログを書くことで、知の創出がなされたこと以上に、自分が人間として成長できたという実感があるんです。僕の本業は経営コンサルタントで、しかもブログを始めた時期は、シリコンバレーでの経験も約十年間積んで、日本のエスタブリッシュメント社会からの認知も高まり、成功したという実感を持てていた時期でした。ブログを書き始めたとき、最初は自分の中のどこかに、「シリコンバレーでずっとITの未来について考えてきたプロ中のプロである僕が、無料で毎日書くんだから、読者はありがたいと思って読むに違いない」という意識があったんです。毎日二時間くらい勉強した成果を、一時間かけて書くわけです。メディアやクライアントに送れば有料の内容、編集者や友人なら必ず褒めてくれる内容のものを毎日毎日、無料で公開しているんですから。

平野　その感覚があるから、既存のメディアで書いている作家の多くは、ネットで無料で書くことを躊躇《ちゅうちょ》しているんでしょう。企業で働いている人が、仕事とは関係のない自分の考えや思いなんかをネットで表現する、というのとは違って、作家は表現それ自体が仕事なわけですから、その上更にネットで表現するということがどういうことなのか、イメージとしてピンと来ないというのもあると思います。

梅田　ところが、ブログをやり始めて数ヶ月たった時に、オープンソース(＊17)のことを書いたんですね。オープンソースで世界的に活躍している日本人というのが実は何人もいるんだけれども、そういう人の一人から「この部分は浅い」という内容の批判的なトラックバックをされたんです。最初は驚いたし、反発する気持ちも持った。でもその後、何回かやり取りをしているうちに、会ったこともない彼との信頼関係がネット上で醸成されるのを実感できた。

それから例えばスティーブ・ジョブズの話を書く。僕自身はいくらシリコンバレーに十何年いたって、ジョブズの友だちじゃないし、彼と話し合ったこともない。それでも何となくわかったようなことを書いていたわけですね。ところが、ネットの向こうには、ジョブズと一緒に仕事をしたことのある人がいたり、アップルに勤めている人がいたりと、実に様々な「ジョブズ体験」を持った人がいる。ネットの向こう側にとんでもない広がりがあるということに心の底から気づいたんです。それからは、モノを書き始めた頃のような謙虚さを取り戻して、勉強する量も増えたし、何事においてもじっくりとより深く考えるようになった。またそういうことが読み手側にも伝わって、「ああ、こいつは成長しているな」と思ってもらえるというプロセスも、全部見える形で公開されていたんですよ。

平野　なるほど。情報を一方向的に提供するという古いメディアのイメージから抜け出して、情報の双方向性というインターネットの特徴を、実感をもって初めて理解したと。特に、自分の未成熟な部分で、そのありがたみが分かるんでしょうね。

梅田　自分の成長のきっかけになるんですね。もちろん漠然と情報だけを求めてブログを読む人にはそのプロセスはわからない。そのくらい微妙なことなのですが。例えば、成長のきっかけになるようなトラックバックをしてくれた人とは、どこかで実際に会ったらすぐに友達になれるだろう、という実感を持ちます。そんなことが、毎日のように起きるメディアです。

平野　それは確かに、かつては、一部の作家たちだとか、研究者仲間だとか、カフェにたむろしている芸術家だとか、そういう人たちの間だけで起こっていたようなことなんでしょうね。どの業界でも昔から切れ者はいたはずだけれども、彼らは必ずしも職業的に言論活動をしたいわけじゃない。ジョブズの逸話なんかも、ジョブズと仕事をしたことがあるような人たちの間でだけしか語られなかった話でしょう。それを広く一般に公開する受け皿として、ブログが場所を提供したというのは、確かに画期的なことですね。

梅田　そういう意味でいうとブログの世界はまだ1％も始まってない状況だと思います。

●ピン芸人的ブログ

平野　僕は、ネット世界の拡充によって到来した「一億総表現者時代」というのは、非常に刺激的なことだと思ってるんです。今まで出版社と一部の作家といわれる人たちにだけ寡占《かせん》されていた「書く」という表現手段が、一気に、しかもただ同然で、誰にでも開放されたということはやっぱり画期的だと思います。

その時に、内容ということについて言えば、きれいに分けきれないところはありますが、二つあるんじゃないかという気がしています。一つは梅田さんが今おっしゃったように、有益な情報発信、情報交換の場としてのブログ。もう一つは個人のアイデンティティに関わっているような、つまり今日何食べて誰に会って、何を考えたというような、当人を知っていれば、それはそれで面白いのかもしれないけど、あえて言えば、当人以外にとってはどうでもいいようなことをこつこつ記録してゆくブログ。で、逆説的ですけど、自分とはこんな人間だ、というのを言葉にして確認してゆこうとするような後者の方が、大体匿名《とくめい》でブログを書いていて、前者の方は、もちろん、情報の取り扱い方にその人の個性が表れるとは思いますが、直接にアイデンティティに深く関わるような内容ではないだけに、かえって本名を公開していることが多い。梅田さんのブログみたいにコメントとかトラックバックなんかがバンバンついてるのは、やっぱり前者の方で、後者は、一ヶ月間書いていて、一回もコメントもトラックバックもないようなブログも結構あります。そうした時に、前者については、今梅田さんがご自身の経験を話されたことでよく納得できるんですが、後者はどういうことなのかなと、興味があるんです。

日記だという人もいるけれど、一応は、オープンな空間に放たれてる言葉ですから、違いがあると思います。むしろ、ウェブ1・0の頃は、個人サイトの「日記」と「掲示板」とが分離していたので、公開はもちろんされていても、「日記」のための私的な文体と「掲示板」の社交的な文体とが明瞭に区別されていた気がしますが。

最近、お笑いの世界で、「ピン芸人」ブームというのがありますが、あれはちょっとブログ的だなと感じるんです。伝統的な漫才のボケとツッコミって、大体、ボケの方が突拍子もない「非常識」なことを言って、ツッコミの方が、「なんでやねん!?」と、「常識」を代弁してそれを咎《とが》める。これは、リアル社会のパロディだと思うんですね。慣習に従わされている人間の姿です。だけど、今のピン芸人って、「なんでやねん!?」と人からツッコマれる場所では黙っているけど、でも、心の中では、むしろそうしたリアル社会の「常識」の方に「みんなそう言うけど、ホントはこう思ってるんじゃないの?」とツッコミを入れる。その意味で逆転してるんですね。ピン芸人は、マスメディアを通じて、視聴者の内面の声に語りかけるわけですけど、これは、ネットでブロガーたちがボソボソと不特定多数の人に向けて語っている言葉と近いんじゃないかと思います。ただ、誰に向かって語っているか、というのはどちらも明確ではなくて、誰か分かる人だけが反応してくれればいい、というスタンスです。そうした中で、実際には、まったく反応のないブログというのも多いわけですが。

梅田　ただ、コメントがなくても、誰かが見に来た、読んでいるという足跡のトラフィックはゼロではないというのをみんな分かっているんだと思います。それにブログを書いていることを親しい人にだけ教えてるケースも多いですよ。

平野　あと、ミクシィ(*18)のようなSNSはそうですね。

梅田　電話の代わりのような何人かの友達への同報機能が基本で、その他にちょっとだけ未知との遭遇がある。だからトラフィックでたとえば三十人来たというようなことが励みになっていると思います。

平野　そうすると、完全に匿名なものはブログ、周囲の人にも教えている場合はSNSというような分離は起こりうるんでしょうか？

梅田　実名でブログを書いている人も少しずつ日本でも増えていると思います。ミクシィなどのSNSというのは、やっぱり友達に見せるために書いているというのがはっきりしていて、不特定多数に向けて書いてる意識はない。それよりももう少し外での出会いみたいなものを求める人は、匿名でこっそりブログを書いている。だけど信頼すべき何人かには「これ」ってURLを渡している。知人だけが読んでいるんじゃないという手応えみたいなものをトラフィックから感じているんですね。未知のトラフィックは、検索エンジンか口コミで来るわけです。例えばワールドカップ期間中にサッカーについて、テレビのコメントや実名の人の評論なんかより思い切ったことを書くと反応が大きかったり、時事ネタを書くと検索エンジンに拾われて、そこからのトラフィックが増えますね。あるいは誰かが「これ見て面白かったよ」って伝えたところのリンクから来る。大抵のブログでトラフィックの解析が出来るし、ミクシィだったら足跡を見るし、自分の友達がほとんどだろうけど、あれ、この足跡、何だろう？と辿ってその人のブログを見に行ったり。そういうふうに、少しオープンになってて、そこからちょっと出ては引っ込む、嫌なことが起こったらクローズするというようなスタンスで、ブログとかミクシィとの付き合い方をしている人が多いのではないかなと感じています。

●情報にハングリーな人たち

梅田　『ウェブ進化論』について、今は三十から四十くらいですが、発売から半年くらいは捕捉できる範囲でも一日に百から百五十くらいの書き込みがネット上にありました。

それを一日二時間くらいかけて全部読んでいました。朝五時から七時か八時になってもまだ読み切れない日もあった。すると量が質に転化するんです。トータルで一万以上の反応を読みましたからね。もちろん玉石混淆《ぎょくせきこんこう》だし類型化もするんだけれども、「エーッ、こんなふうに読む人がいるのか」と学ぶことがずいぶんある。だから毎日読み続けたんです。一日の書き込みのうち三十か四十は、後でもう一回読みたいと思うので、コピーして保存しました。次に本を書こうと思ったら、それをもう一回全部読むところから始めようと思うほどです。

平野　玉石混淆の中から面白いものを選び出すという話は、『ウェブ進化論』にも書かれていましたけど、いま梅田さんがやられている方法は、言ってみれば力業《ちからわざ》で全部目を通すという方法ですね。

梅田　まだグーグルを含めて今の検索エンジンはリアルタイム性が弱く、昨日今日ブログに書かれたものを正確に抽出する能力を完璧には持っていないので、今のところ力業でやるしかないんですよ。それと僕の本について、こんなに強い関心を持っているのが僕しかいないという事情もあります（笑）。でも、もっと広いテーマに関しては、多くの人が興味を持つでしょう。面白いなと思ったブログに一票投票するみたいな仕組みがありますけど、そこで浮かび上がってくるものってかなり興味深いですよ。

平野　読み手の相対的な評価で浮かび上がってくる、というシステムですね。

梅田　『ウェブ進化論』の中では「自動秩序形成システムが待望される」という言い方をしたんだけど、その萌芽というのはもうあるわけです。今後五年くらいの間に、オピニオンリーダーが面白いと言ったものが自動的に浮かび上がる仕組みだけでなく、オピニオンリーダーが誰かというのが多くの人の評価によって決まってくるとか、ある個人が一生に一回だけ書けたみたいな「万に一つの面白さ」のコンテンツも自動的に浮かび上がってくるような仕組みが見え始めてくるはずです。

平野　それは、しかし、機能するんでしょうか？　僕は最近、ネットで色々な新聞を見ていて、例えば毎日新聞のホームページには「ニュースアクセスランキング」というのがあるんですが、それを見ると、だいたいくだらないニュースが三位までを独占していますが（笑）。

梅田　ヤフーや新聞やテレビといったメディアは、マスに対して働きかける面白さというのを追求している。視聴率や部数というのはそれを集約したものですよね。僕が言うのは、もう少し母集団の小さい、少なくとも例えば本を読む習慣がある人たちが選んだものが自動的に浮かび上がってくるようなシステムが、技術的進化もあいまって、だんだんに出来てくるということです。感じとしては、「本屋大賞」(*19)に近いかもしれません。

平野　でも、その比喩で言うと、ネット参加者が増えていけばいくほど、ベストセラー的なものとネットの本屋大賞的なものというのは、一致していくんじゃないですかね。現に本屋大賞はそうなっていますが。

梅田　僕はネットによってこの社会が三層に分離していくと考えていて、要するに、今までの「エリート対大衆」みたいな二層の間に、十人に一人くらいの層というのを置いて考えてみたいと思っているんです。あまり今までは表現をしてこなかったけど、「中学や高校のクラスの上から五人」とか「親戚という小さなコミュニティで一番敬意をもたれている人」とか、その辺の層に僕は一番期待しているんです。潜在的な能力が高いけれど、ただ今は社会的に沈没しているという人も結構たくさん世の中にはいて、特に日本社会にはそういう人たちが浮上するメカニズムがない。彼ら彼女らがネットでそれぞれそれなりに筋の通ったことを言えば、世の中はずいぶんよくなっていくのではないでしょうか。

自分が取締役をしているから手前味噌になってしまうんだけれども、「はてな」というコミュニティってそういうものを目指しているところがあります。今のところ「はてな」には知的レベルが高く能動的で先進的で、少しオタクっぽくって、IT好きというような匂いがあって、そうするとこのコミュニティが「面白い」と判断した結果として浮かび上がってくるコンテンツというのは、結構レベルが高くて面白かったりするわけです。

平野　わかります。ただ、その話でいくと、参加する人を選別することが出来ない以上、企業の認知度が高まれば高まるほど、母集団が大きくなって先鋭性というのは削がれていくんじゃないでしょうか。

梅田　社内でもそういう議論がありますが、いま僕はそれほど変なことにはならないという予感がしているんです。「はてな」の中に「ブックマーク」という機能があって、情報にハングリーな人たちが、面白いと思った記事に印をつけてネット上で公開していく仕組みがあるんですよ。すると書いたものに印がつくかどうかって、情報をアップしてからだいたい二十四時間くらいのうちに勝負がついてしまうんです。僕が、例えばアメリカから日本時間の夜中の十一時とか十二時くらいにアップすると、三十分のうちに四つとか五つとか印がつき始め、だいたい午前三時頃まではその文章の評価が定まってくるのがわかる。丸一日以降に印がつくことはあまりない。つまり情報にハングリーな人のネット上での活動量ってすごくて、いくらコミュニティに沢山の人が入ってきても、リテラシーの高い人が先にある流れを作ってしまうというようなことが起こる。エッジが立った人のヴォーティングの仕組みというのは、母集団が大きくなっても維持できるのではないかと今は考えています。もちろん先のことはわからないですけれどね。

平野　そうですか。

梅田　僕も実は最初は平野さんと同じように思っていたんです。それから「はてな」の開発者もそう思っていた節がある。「薄まっていくから、ユーザーは増えないほうがいい、ブックマークのユーザーも増えないほうがいいのかもしれない」と話したこともあったんです。ところが、増えたら増えたで、スピードを競い合うようになるとか、こういう一つ一つの細かいことを話し出すときりがないんですけれども、ネットの空間って想像以上に面白い方向に転がっていくものだし、その面白い方向が見えてきたときに、また新しい技術が生まれる。「へえ、こういうことが起きるのか」「技術によってこういうことが起こせるのか」っていう発見ばかりの毎日なのです。時間と空間の感覚も、リアルの世界と違うし、なかなか仮説どおりに動かない不思議な面白い世界です。

●ウェブ＝人間関係

平野　ハンナ・アレント(＊20)というドイツの政治哲学者は、『人間の条件』という今から五十年ほど前の著書の中で、言論と活動とによって結び合わされた人間関係を、図らずも「ウェブ」という言い方で表現しているんですね。それは確かに、物質的な世界と同じくらいリアリティを持っていて、人間はそこで、言動を通じて、自分とはどんな人間なのかということを、意図の有無に拘わらず暴露してしまう。しかし、その関係性の空間は目には見えないし、保存も出来ないはかないもので、だから「ウェブ（蜘蛛《くも》の巣）」だと。現代のウェブ世界は、アレントのこの「ウェブ」が可視化され、物質化されたものとも考えられるかもしれません。元々、日本語の「人間」も、「人の間」ですし、ウェブ世界は、必然的に人間そのもの、人間関係そのものに深く影響を及ぼしそうな気がしますが、梅田さんの方で具体的な変化の印象はありますか？

梅田　『人間の条件』の中で「ウェブ」という言葉が使われていたというのは興味深い話ですね。人間関係の変化と言えば、若い世代の友達の作り方が変わってきているようですね。アメリカ人の友人に聞いたんですが、彼の十八歳の息子が、「お父さん、僕は一学年が二百五十人ぐらいの小さいカレッジに行きたい」と言ってきたんだそうです。アメリカには、けっこうたくさん小規模で質のいい教育をしているカレッジがありますよね。それで僕の友人が「何故小さいカレッジに行きたいの?」と息子に聞いたら、「二百五十人なら、四年間でその全員と深く友達になれる。その二百五十人との友達関係を自分の資産に、世の中に出て行きたい」と。

平野　それは象徴的な逸話ですね。僕は、その少年の言いたいことは分かりますけど、ただ「深く友達になれる」というのは、やっぱりアイロニカルに響く気がします。そういうナイーヴな、一種の功利主義的な人間観は、若い世代の、とりわけエリート層にはますます広まりつつあるんでしょう。彼らはそのギブ・アンド・テイクをフェアな、理想的な人間関係と思っているのかもしれませんが、アイツと付き合うとこんないいことがある、オレと付き合うとこういう得がある、だから友人でいようという「有益性」が前提とされている友人関係というのは、個人的にはちょっとカンベンしてほしい気がしますね。

普通に考えれば、たとえ二百五十人であっても、好き嫌いがあるわけですから、全員と仲良くなるのは不可能だと思いますし、大体、大学の五十人くらいのクラスでも卒業後に連絡を取り合うのなんて、せいぜい数人でしょうけど、その不可能を乗り越えさせるものがあるとすれば、利害でしょう。仲良くなった結果として、友人のありがたみが身に染みるというのは美しいと思いますし、お互いの長所を育み合いたいというのも、もちろんいいことだと思います。ビジネスの世界が、そうした利害関係のネットワークだというのも当然でしょう。

だけど、これは人間観の問題になりますが、僕にはどうしても、一個の人間の全体がそんなに社会的に「有益」であり得るとは思えない。僕だってその内実は、他人にとって何の役にも立たない部分が大半ではないかと思う。だけど、その役に立たない部分も含めて僕であるし、それを含めて人とコミュニケートし、承認されたいという願望はやっぱりあるんです。僕は先ほど、身辺雑記的なブログの内容について、「当人以外にとってはどうでもいいようなこと」とややネガティブな言い方をしましたけど、それでも、そういうことを書きたくなってしまう心情も、分かるんですね。現実のコミュニケーションが、そうしてますます、個人の「役に立つ」一面にしか興味を示さなくなって、それ以外の思考や言動、あるいはそうした人そのものを閉め出しつつあるのだとすれば、その無益さにも貴重な意味があると考えるべきだという気がします。

実際のところ、その少年の目論見《もくろみ》は失敗すると思いますけど、他方でもう少し、人間の思考の変容という方向に引っ張り寄せて考えるなら、それが実現するときのイメージは、卒業後もその二百五十人とは、常時ネットを介して繋がっているという感覚なんですかね？

梅田　そうなんです。感覚というよりも、本当にツールを使いこなして常時繋がっていくということでしょう。あるアメリカ企業に大学生がインターンとしてやって来たときの話で、企業が何を頼んでも彼はすぐにこなしてくる。これはすごい奴だと思って、いろいろ聞いてみると、その子が何から何までできるんじゃなくて、ネットで常時繋がった何百人もの友達の中から、テーマごとに助けてくれそうな人を選んではやり方を聞いて、仕事をこなしているんですね。おそらく今の十代のアメリカのエリートは、たくさんの質の高い友人とネットを介して脳がつながった状態で世の中に出たい、と思っているはずです。「Facebook」という米国の大学生向けのＳＮＳの普及率と利用度は驚くべき高さです。

●リンクされた脳

平野　視覚的に想像すると、この現状は一見SF的ですけど、実際そうなりつつあるんでしょうね。個人というのは、輪郭の内側に閉ざされていて、知識や思考もその中に密閉された材料や過程なんだという考え方が、ある意味では終焉《しゅうえん》しつつあるのかもしれません。「リンクされた脳」というイメージが知的交流といったものよりも新しいとすれば、多分、そのスピード感なんでしょう。ただ、交換する情報の質や量が均衡していなければ、そのリンクにはほころびが生じると思います。アイツは情報を受け取るばっかりで、ちっとも発信しないということが必ず起こる。そうなると入れ替えが行われるんでしょうけど。そこが、どんなに機能不全の部分であっても切断できない個体との違いでしょうね。

梅田　日本でもある大学の先生に、「学力低下というけれども、昔の学生と今の学生を比べたらどうなんですか」と聞いたら、全ての情報を遮断して何が解けるかなら、二十年前の学生のほうが上だったけど、道具を自由に駆使し友達と協力してもいいから答えを出すということに関しては、今の学生の方が能力が高いとおっしゃっていました。現実社会で求められる能力の大半は後者ですよね。

平野　実際に、社会がそうした労働のあり方を求めているならば、必然的な傾向でしょうね。先ほどの、あらゆる情報に通暁することは現実的に不可能だという話にも通じますが、色々な領域の過度の細分化、専門化が進んでいる中で、何でもよく知っていて自分ひとりで処理できるというような万能人的な理想は、もう通用しないでしょう。ただ、それが過度になると、何よりも「人脈」ということになってしまう。今でも、人に紹介されると、真っ先に自分は誰と誰と誰を知っている、あなたはどんな人を知っているか、といった感じで人脈のトレードを持ちかけられることがありますが、やっぱり、そうした申し出にはちょっと感情的な反発を覚えますね。

梅田　僕も人脈、人脈っていうのはあんまり好きじゃないけど、仕事というのは基本的に効率性で物事がどんどん進んでいってしまいますからね。

平野　そう。だから否定できないところはありますけど、実際にはそのリンクにも序列があると思うんです。その序列は、役に立つかどうかですから。それが、人間観そのものにまで拡張されることが僕の危惧ですね。他方、そのリンクが一種の知の囲い込みをしてしまうなら、経済的な格差の要因にもなりかねない。そういう意味では、固定化せずに、アドホックに自由にリンクを張れる空間が保たれることが理想なのかもしれません。

●理想の恋人に出会えるか？

平野　そんなふうに人間関係の変化があると、恋愛の形も変わってくるでしょうね。今はＳＮＳがあるし、いわゆる「出会い系サイト」の類《たぐい》もたくさんありますし。とりあえずは、ミクシィみたいに友達の友達といったあたりが安心というのはあると思いますけど。いずれにせよ、ネットで人との交流が盛んになるということは、当然に恋愛対象と出会う機会も増えるということだと思います。

梅田　僕なんかは学生の頃あんまりモテなかったんだけれど、中高と男子校で大学は工学部で、やっぱり出会いの機会が圧倒的に少なかったことが大きな要因だったような気がします。そこがぜんぜん違えば、もっと楽しい学生生活が送れたかもしれないなあって。だから今のミクシィとかを見ると、自分の時にこれがあったらどうだったんだろうって羨《うらや》ましく思いますよ。気になる女の子と出会った場合、若い世代だったらまずミクシィに彼女の情報があるわけでしょう。誰を経由すれば知り合いになれそうか、っていうのもわかるし。とりあえず、何か始まる確率が高いわけですからね。

平野　そんなに遠くない昔のような気でいますけど、僕の高校時代までは、携帯電話もなかったわけですし、女の子の自宅に電話しても親が出るかもしれないという非常に高いハードルがあったわけですから（笑）。

梅田　家に電話は一台。相手の家にも電話が一台。こっちに親のいないタイミングを見計らってせっかく電話をかけても、向こうは親が出てしまうのが普通。僕の高校生の頃はそんな時代でしたね。今はコミュニケーションツールだけじゃなくて、全然違いますよね。自分の学生の頃を思い出して、今の道具を当時持っていたらどうだったろうと想像してみるに、最初は、自分の側から相手を探せるし選べるからすごくいいなと思ったけれど、向こうだって同様に選ぶ権利があるわけで、要するに少数対少数だったのが、多数対多数に引き伸ばされてしまうだけなのかもしれないなあ、と考えたりして。

平野　やっぱり恋愛観にものすごく大きな影響を及ぼしてると思います。地球上には六十五億も人がいるんだから、どこかにものすごい美人で、ものすごく俺のことを好きになる人間がいるんじゃないかと、まあ、夢想したりするわけですが（笑）、でも可能性が本当に無限大に広がってしまったから、それこそその一人を見つけるまでは、あきらめたり妥協したりしない！　という人も出てくるかもしれない。

梅田　やっぱり自信のある人はそういう考え方をするんだな（笑）。

平野　いや、まあ、一般論としてですが（笑）。でも、パリにいたとき、実際に、「日本人の男性とは合わなかった」という理由で、向こうでフランス人と付き合ってる女性もいましたからね。あと、やっぱり、同時併行で何人かと付き合う人が以前よりも多くなるんじゃないですかね。その中で、最終的によさそうな人を本命にしようかなとか。だって、いくらでも出会うチャンスがあるわけですから。

梅田　そのチャンスを消さないために、踏み込まないで付き合うようになって、みんなますます結婚が遠ざかると。

平野　そういう割り切り方は、傾向としてあると思います。ヘンな話ですが、僕はこの歳までに色んな結婚式に出席してきて、ネットで知り合って結婚した、という紹介のされ方をしたカップルをまだ見たことがないんですが、実際にはいるんじゃないかとも思うんですよ。でも、ひょっとすると、ネットで出会ったということに対して、事実はともかく、そうしたある種のマイナスイメージの想像が働きがちで、ちょっと言いにくいというのがあるのかもしれない。「友人の紹介」ということになってたり。いずれにせよ、今は子供の存在を考えなければ、籍まで入れなければならない理由はあまり実感できませんからね。女の人の場合、子供を生む年齢があるけど、男の人は、独身生活がそんなに楽しいなら、結婚はもっと先でいいやと先延ばしにする人がふえるかもしれません。

梅田　そうなっていくかもしれませんね。

平野　それでまあ、いろんな女の子と沢山付き合って楽しいから、別にそんなにがんばってお金を稼がなくてもいいし、社会的に尊敬されなくてもいいし、とか人生観そのものも変わってくるんじゃないですかね。

梅田　そう。だから、女性を愛するか地位を愛するか仕事を愛するか、何を優先順位の一番に置くかということで、人それぞれその感性は違うけれども、それぞれの価値観で最も重要だと考えている部分が、ネットを使うことによって大きく増幅されて、個性がより際立つ社会になるんだろうなあ。

平野　昔は何をするにしても、リッチになるということが、その実現のための前提であるようなところがありましたから。もちろん、金さえあればどうにでもなるとはまったく思いませんけど、金がなくてもどうにかなる可能性はネットによって大きくなったと思いますね。

＊1　二〇〇六年ちくま新書。この数年インターネットの世界で起きている新現象を明快に読み解き、大変化の本質を説いて三十五万部を超えるベストセラーとなった。

＊2　二〇〇二年新潮社刊、のち新潮文庫。ショパン、ドラクロワ、ジョルジュ・サンド……十九世紀パリを舞台に、芸術家達の群像を描いた二千五百枚の大作。

＊3　http://d.hatena.ne.jp/umedamochio/

＊4　二〇〇一年、近藤淳也社長により創業。「人力検索はてな」や「はてなダイアリー」（ブログ）などのサービス開発・運営を行っている日本のネット・ベンチャー企業。

＊5　無料のインターネット電話。

＊6　インターネットを通じて利用する無料のテキスト・コミュニケーション用アプリケーション。

＊7　ブログの主要機能の一つ。他人のブログ記事に自身のブログへのリンクを作成する機能のこと。

＊8　一九九九年新潮社刊、のち新潮文庫。異端信仰の嵐吹き荒れるルネッサンス前夜の南

仏で、若き神学僧が体験した秘蹟を描く。デビュー作にして芥川賞受賞作。

＊9　書籍（許可を得た出版社の刊行物のみ）内の文字列が検索出来るサービス。書店での立ち読みのように本の中の一部を読むことが出来る。

＊10　ニュー・アカデミズム。一九八〇年代に流行した構造主義や記号論など、学問の領域を超えた思考のこと。

＊11　スタンフォード大学の二人の学生が開発した検索エンジンの事業化のために一九九八年創業。いまやネット産業の覇者となった。在シリコンバレー。

＊12　インターネットのポータルサービスにおける草分け的存在。スタンフォード大学の学生二人によって始められ、一九九五年に事業化された。在シリコンバレー。

＊13　インターネット・オークションで世界シェア第一位のアメリカの会社。一九九五年設立。在シリコンバレー。

＊14　会員自身が知人・友人の連鎖を登録し、そのつながりを活用しながら交流するネット上のコミュニティ・サービス。

＊15　シリコンバレーにあるアップルコンピュータ社の創業者兼CEO。

＊16　http://d.hatena.ne.jp/keiichirohirano/

＊17　ソフトのソースコードをインターネット上で無償公開し、誰でも自由にそのソフト開発に参加できるようにすることで、大規模ソフトを開発する方式。

＊18　株式会社ミクシィ、および同社が運営する国内最大級のシェアを持つSNS。二〇〇六年九月に株式公開。

＊19　書店員が選出する文学賞。選考資格者が書店員のみであることが、他の文学賞と大きく異なる。

＊20　ドイツ生れの政治思想家。一九〇六年～一九七五年。主著に『人間の条件』、『全体主義の起源』など。

第二章　匿名社会のサバイバル術

●ネットなしではやっていけない

平野　テクノロジーそのものの進歩はもちろんのこと、インフラの整備や料金の低下によって、誰もが気軽にネットを利用できるようになりましたが、まだそれには非常に個人差というか、世代差もありますよね。もうネットに常時つながっていないと不安だったり、朝から晩までどっぷり浸りきってる人もいれば、パソコンにさわったこともないという人もいます。今はそういう、ある意味で面白い過渡的な時期なんですね。二十年経ったら、ネットをしない人はほとんどいなくなってるんじゃないですかね。

梅田　そうですね。今は間違いなく過渡期ですね。僕はネットは誰のためのものか、ということについて、こんなふうに思うんです。まず、人間が生まれた時に放り込まれたコミュニティというのは、その人が本当に心地よく生きられるコミュニティである保証は全くないわけです。その齟齬《そご》のようなものが、家族の中にも、学校にも、地域にも、日本という国にもあり、物理的な大きな制約になっている。でもネットでは、自分がいたい場所が選べる。人との出会いも含めて可能性空間がバーンと広がっている。学校のクラスの中には自分と合う人はいないけど、ネットにいくと母集団が五十人から五百万人に変わって、さらに検索出来るから、会ったことはないけど自分と同じことを考えてるとか、自分にピッタリあった人というのが見つかっていく。これはものすごく大きなことで、それが、ネットへのワクワク感を持った人たちを「ネットなしではやっていけない」という感じにさせている大きな原因だと思っています。

例えば専門性ということにおいても、一つの研究所にＩＴのプログラマーが五百人位在籍していても、ある一人がやってることは必ずしもその組織の中で深い部分までは理解されないんですよ、あまりにも世界が専門化しすぎちゃっていて。ところがオープンソースの世界では、ソフトウェアのコードをネット上に無償で公開すると、いきなりロシアとか中国とかシリコンバレーからでも「おまえのここのコードはすごい」とか、「俺も同じこと考えてた」とか、世界中の不特定多数の開発者からリアクションが届く。

この感動が核にあるんです。要するに、自分がやってること、面白いと思っていることの専門性とか固有性を、リアル世界で制約された環境では誰もわかってくれないし話す相手もない。でもそれがネットにのった瞬間に変わる。オープンソースの原動力って、結局そういう個々の承認感動にあると思います。

ブログにもやはり、同様のことがあると思っています。僕はシリコンバレーで五十人位すごく親しい仲間がいるけれど、彼らの多くはリアル社会で忙しいから、僕のブログを実はあんまり読んでなかったりする。ところが、僕がブログに何かを書き込んで、そこにトラックバックが来ることで、「東京にいる○○君とは、本当に心が通じてる気がするな」という気分になったり、すごく充実感がある。反応は、匿名でもいいし、実名でもいい。そこからはあまりリアルな実利は生まれないけど、精神的な満足感は得られますね。リアルの仲間もネットの仲間もあまり区別がない感じが最近出てきた。そんなことを僕は日々、実感しています。

平野　非常に面白い話ですね。ちょっと思い出したんですが、七〇年代から八〇年代にかけて、リベラル＝コミュニタリアン論争というのが政治哲学の世界であったんですね。これは、アメリカでいうと、民主党の支持者と共和党の支持者との考え方の違いに対応するんでしょうけど、大雑把に言えば、リベラリズムは、人間の理性や合理的に善悪を判断しうる能力というものを信じていて、結果として社会には一定のルールが形成されると考えるわけで、ネット社会の秩序観は、梅田さんのお話を伺っていても、基本的にはリベラルだと思います。人間そんなにバカじゃないから、規則でギュウギュウ縛らなくっても、それなりのふるまいをするよっていう。

他方で、コミュニタリアニズムは、人間の合理性というようなものをあんまり信じていなくて、共同体の構成員であるからこそ、人間は秩序の中で生活することが出来るんだという立場を採る。それで、伝統や慣習といったものに大きな価値を置くんですね。

日本でも、主に教育問題を巡って、右からも左からも、最近、コミュニタリアン的な見解が語られることが多いですけど、ただ、今梅田さんが指摘された通り、彼らがよって立つ、そうした古い、閉ざされた共同体のイメージは、もう通じなくなってる気がします。これからはみんな、「生まれた時に放り込まれたコミュニティ」で交わされる言葉や価値観と同時に、ネットの世界のあらゆる場所の人々と交流する言葉や価値観に影響されながら、成長してゆくことになる。地方独自の伝統や慣習は、そうした中で、どうしても相対化されざるを得ないでしょうね。良くも悪くも、とあえて言いますが、地方が閉ざされたものではなくなってきている。

僕自身も、もっと身近な話ですが、十代の頃までは自分の周りでマニアックな音楽だとか本だとか、そういう好きなものの話がまったく通じないフラストレーションがかなりあったんです。今は作家になって環境も変わったからそうでもないけれど、「あ、同じこと考えている奴がいる」というのを、北九州にいる高校生の時にネットの世界で見つけることが出来たら、僕だって、リアル世界の人間関係よりも、ネットの世界の人間関係の方に重点を置いていたのかもしれない。都市部と地方とでは、ネットによる恩恵の実感ってかなり差があるんじゃないかって気がします。

梅田　地方の方がネットの恩恵を感じるということですよね。

平野　そう。東京は、街自体に色んな世界があるでしょう？　個人の多様性が社会の多様性を促すのか、社会の多様性が個人の多様性を搔き立てるのか、わからないですけど、例えば世田谷に住んでる人が秋葉原に行ってフィギュアを買って、その後、新宿の伊勢丹メンズ館に行ってモードの服を買って、夜は六本木のバーで飲むとか、まあ、あんまりありそうにないですけど（笑）、一応そういうことが可能になってる。東京のような大都市だと、いろんな人がいるというだけではなくて、一個人の中のいろんな面を引き受けてくれる、いわば受け皿があるんですね。それでも結局はネットを使うのが便利なんですけど、ネットなしでもある程度は、趣味の近い人を探せる可能性があるし、趣味を満たす場所にも辿り着ける。だけど、最近小説の取材で主に西日本の地方都市に行くことが多いんですが、本当にそういう場所がないんですよ。

梅田　ネットの魅力の感じ方って、リアルな空間での自分の恵まれ度に反比例すると思うんですよ。リアルの世界で認められてる人やいい会社に勤めてる人たちに、いくら僕がネットは面白いよと話してもなかなかわかってもらえない。日本のいい会社はいいコミュニティでもありますから、給料の多寡《たか》の問題でなく忙しく働き、嫌で仕事しているんじゃなくて、楽しいでしょう。そこにいる人に「ネットでこんなことが起きているんですよ」って話しても、リアルで完全に充足してるから、別の世界なんて必要としていないわけですからね。

平野　実際にネット参加者でSNSやブログやってる人たちの年収とか職業満足度とかを調査したとしたら、満足してないという人たちの方が多いんですかね？

梅田　そう思います。満足の定義にもよるけど、例えば学生を含めて若い世代って、現状に満足できず、何かを求めていつも某《なにがし》かの飢餓感があり、不安や焦燥感も持っている。

会社に入ったら入ったで、若いうちは皆、今の会社で自分はいいのか、という不安に駆られているでしょう。

●五種類の言説

平野　僕の場合、デビューが一九九八年で、その頃にネットでかなり嫌な思いをしたことがあるんですね。現実の世界では、ちょっと経験したことがないような罵詈《ばり》雑言《ぞうごん》にもさらされたし、事実無根のウソやデマも書かれた。今はもう、ネットのそういう一面も知ってますけど、最初のショックは大きかった。それは僕に限らず、あの当時、社会に名前の出ていた人の多くが経験したんじゃないですかね。僕は、今そのことについてどうこう言うつもりはないんですが、実際のところ、僕自身もネットの恩恵をすごく被《こうむ》っていて、もはやネットに接続できない生活は考えられないところまで来ているにもかかわらず、今でも何処か、梅田さんのようなさわやかな感情をネットの世界に対して持ちきれないのは、一つにはあの時のトラウマがあるんだと思います（笑）。これは僕個人の問題ではなくて、今日までのネットについての日本の言論全体に言えるのかもしれませんが。それを語りうる立場にあった人たちは、多かれ少なかれ、そうした経験をしていた可能性がありますから。

それはまあ、極端にネガティブな経験ですけど、それも含めて、僕はネットでブログをやっている人の意識って、だいたい五種類に分けられるんじゃないかと思ってるんです。

一つは、梅田さんみたいに、リアル社会との間に断絶がなくて、ブログも実名で書き、他のブロガーとのやりとりにも、リアル社会と同じような一定の礼儀が保たれていて、その中で有益な情報交換が行われているというもの。

二つ目は、リアル社会の生活の中では十分に発揮できない自分の多様な一面が、ネット社会で表現されている場合。趣味の世界だとか、まあ、分かり合える人たち同士で割と気安い交流が行われているもの。

この二つは、コミュニケーションが前提となっているから、言葉遣いも、割と丁寧ですね。

三つ目は、一種の日記ですね。日々の記録をつけていくという感じで、実際はあまり人に公開するという意識も強くないのかもしれない。

四つ目は、学校や社会といったリアル社会の規則に抑圧されていて、語られることのない内心の声、本音といったものを吐露する場所としてネットの世界を捉えている人たち。ネットでこそ自分は本音を語れる、つまり、ネットの中の自分こそが「本当の自分」だという感覚で、独白的なブログですね。

で、五つ目は、一種の妄想とか空想のはけ口として、半ば自覚的なんだと思いますが、ネットの中だけの人格を新たに作ってしまっている人たち。これは、ある種のネット的な言葉遣いに従う中で、気がつかないうちに、普段の自分とは懸け離れてしまっているという場合もあると思いますが。

この五種類が、だいたいネット世界の言説の中にあると僕は考えるんです。一番目と二番目とについては、ネットに対して最も保守的な考えの人でも、多分、否定的には見ないでしょう。三番目は、やっぱり、自分を確認したいというのと、自分のはかなく過ぎ去っていく日々を留めおきたいという気持ちとがあるんだと思います。よく問題になるのは、四番目と五番目ですね。その時に、リアル社会のフラストレーションが、「自分の本音は本当はこうなんだ」という四番目の方に向かうのか、五番目の空想的な人格の方に向かうのかは分かれるところだと思いますが。

梅田　三番目や「2ちゃんねる」的な世界を含めた四番目や五番目の人たちを、平野さんはすごく重視している、関心が向いているわけですね。

平野　ええ、まあ、重視というか、そうですね、関心が向きますね。人間の内面に直結する分、ある意味で、ネットの一番デリケートな部分というか、難しい部分だという気がしています。文学ではドストエフスキーの『地下室の手記』以来のテーマだと思いますけど。梅田さんの場合、ご自身のブログで、上質なコミュニケーションが成立していることに、実名でブログを書いていることが関係していると思われますか。

梅田　それは、あまり関係ないと思う。「2ちゃんねる」の書き込みは完全な匿名で、名無しさんですよね。だけど、ブログの場合はペンネームであっても、書いてきたことの歴史がそのまま全部残るし、一人のアイデンティティというのが遡《さかのぼ》れるんです。平野啓一郎というのは本名ですか。

平野　ええ、本名です。

梅田　本名じゃない作家の方もたくさんいますよね。ブログもそれと一緒ですよ。ブログの上で歴史を積み重ねてきたら、実名でも匿名でも全く区別はないですね。

平野　フランスにいたときに、向こうのSNSやブログを見て、全体に日本と違うと思ったのは、顔写真入りで本名というのが比較的多かったんですね。

梅田　アメリカも、顔写真はあまりないと思うけど、実名が中心です。

平野　あるいは、本人と容易に想像されるようなニックネームというのも多かった。他方、日本の場合はほとんどが偽名で、顔写真が公開されているケースも少なくて、自分の顔の代理としてペットや愛着のある動物の写真、あるいは自分の好きなミュージシャンの顔なんかが掲載されたりしている。この違いは何なんだろうと、ずっと関心があったんです。さっきの分類でいくと、一番目以外は、ほとんど匿名なんじゃないですかね。

●新しい公的領域

平野　このあいだ『顔のない裸体たち』(*1)という小説を書いて、その小説の主題としても同じことを考えたのですが、人間のアイデンティティは一つに固定されたものではなくて、他者との関係によって色々と変わるものだとは考えつつも、現実的には、顔の同一性がどうしても人格の複数性を抑制してきたと思うんです。僕という人間がリアルな世界でこの顔とともにやったことは、どんなことでも最終的には切断できずに、顔の同一性によってたぐり寄せられてしまう。テレビでしかつめらしく喋っている僕と、飲み屋で酔っぱらってる僕との間に違和感が感じられるとすれば、名前が同じと言うより、顔が同じだからです。それに比べると、ネットの場合、確かに過去の書き込みをたどっていけば、ネット社会内での同一性はある程度、確認できるんですけれども、それはリアルな世界の自分からはいつでも切断可能だと思うんです。

梅田　ブログで日記を公開するという前提になった時に、リアル社会との連続性を持たせるか持たせないかという選択肢がありますが、日本の場合は社会に自由度が少なくて、むしろリアルな社会のほうで仮面をかぶって生きざるを得ないという感じがある。アメリカやヨーロッパのほうが、組織に属していても個として自由なことができますから。

平野　確かにその通りで、ただそれをどこまでいわゆる「日本人論」として語るかというのは、ちょっと考えどころだと思うんです。

歴史的に見て、公的領域と私的領域という区別の発想が最も厳密だったのは、例えば古代ギリシアです。そこでは、公的領域に私的領域の問題を持ち込まないということが徹底されていたし、まず、私的領域の問題に誰も関心を持たなかったんですね。そこでいう私的領域というのは、ご飯を食べたり、寝たりといった生存に関わることが第一で、それから家族と交わることや内面に関わることなどがあり、公的領域では、言論と活動とを通じて、自分がどんな人間かというのを他の人たちに認めさせて、ひいては社会に認めさせ、記憶として留めさせる、ということが行われていた。その意味で、私的領域というのは、自分の存在を承認してもらう場所から弾き出されているという、否定的な意味があったようです。

そういうことが何で可能だったかというと、一つには奴隷制度があったからですね。生存のために自分で働く必要がなかった。ところが、奴隷が解放されて、各人が経済活動を通じて自分で生きていかなければならなくなると、そうした衣食住という元々は私的領域と考えられていた問題が、公的領域を圧迫し始めて、最終的にはそれを消滅させてしまい、代わりに社会的領域というようなものを成立させる。これは実は、第一章でお話ししたアレントの分析なんです。その社会的領域では、経済活動が主になりますから、自分がどんな人間かというのを言葉を使って表現する機会がなくなってしまう。同時に、生存の問題に関わるようになる社会は、家族のように一種の内面的な「親密さ」を目指すようになって、ある人がどんな人かというのを対話を通じてキチンと理解できなくなってしまうと言うんですね。家族は一見すると、誰よりも身内のことを分かっているようですけど、近しいからこそ、親の勝手な思い込み、子供の勝手な思い込みを互いに押しつけがちで、最近ではそうしたベッタリとした関係に耐えられなくなって、家を燃やしたり、親に暴力をふるったりする子供の事件が増えていますが。で、そうした没個性化した対人関係が、近代以降、社会全体に広まっていると、彼女は言うわけです。

ちょっと大きな話になってしまったのですが、何が言いたいかというと、実は僕たちが公私の別と言うとき、そこでいう「公」というのは、僕たちがどんな人間であるかというのを表現できて、それを受け止め、記録してくれるかつてのような公的領域ではなくて、経済活動と過度の親密さによって個性の表現を排除してしまっている社会的領域に過ぎないのではないか、ということです。そうした時に、「ウェブ」という言葉でアレントが表現したような、人間が自分自身を表現するための場所として、いわば新しい公的領域として出現したのが、実は現代のウェブ社会なんじゃないかということを僕はちょっと感じているんです。

私的なことを公の場所に持ち込まないという日本人の古い美徳は、今や単に社会全体の効率的な経済活動から、個人の思いだとか、思想だとかを排除するための、都合の良い理由づけになってしまっている。急に卑近な例になりますけど、僕なんかは、日本で三年間、ほぼ毎日同じコンビニに通っていても、店員と一回もプライベートな話をしたことがないんですね。彼がどういう人で、どんな考えの持ち主なのか、まったく分からない。僕は彼の個性についてまったく無知で、単に店員としか考えない。だけど、パリにいた時には、三日くらい続けて近所の店やカフェとかに行くと、向こうも気さくに握手なんかしてきて、「やあ、元気？　君よく来るけど、この辺に住んでるの？」とか、そんなプライベートな話が始まるんです。日本では、店員と客という役割からお互いが出ることが、どうしても難しいでしょう？

梅田　なるほど。話はちょっと限定的になってしまうかもしれないけれど、たとえば日本で大企業に勤めている人のブログがほぼ全部匿名である理由は、日本の組織や社会の問題が大きいと僕は思います。

●匿名氏の人格

平野　そうですね。その時に、僕のさっきの五つの分類でいって、どれに当たる内容のブログを書いているかというのが結構大きいと思いますけど、もし仮に、現実社会での言動とネットでの言動が一致し得るのであれば、実名で構わないんじゃないかと思うんです。あるいは、彼の多様性がネット上で展開されているだけであれば。大企業にいる人がネットで実名で書いて睨《にら》まれるというのは、そこに齟齬があるからでしょう？　情報の漏洩《ろうえい》は論外だとしても、会社の人間関係についての「本音」をそこに書いたりとか。

梅田　いや、そうではなくて、もっと予期せぬ何かを恐れるというのがあります。外務省元主任分析官の佐藤優《まさる》氏が『国家の罠』(＊2)で書かれたように、日本ってルールが急に変わるでしょう。あの本では、そういう日本の特質があますところなく描かれています。たとえばブログ・ブームがやってきて、ある大企業の中で最初は「みんなブログを書きましょう」と奨励されるというようなことがあったとしても、誰かのブログから何か一つ情報漏洩があった瞬間に、「書いているやつは全員よくない」とルールが変わってしまう可能性が高い。日本って組織に原則がないんですね。大企業に長く勤めている人というのは、そういうことを熟知していて、リスクにものすごく敏感だから、よっぽど確信犯の人以外は匿名化するということだと思います。

匿名、実名問題について言うと、匿名のブログを書いている人を沢山知っているけれども、そこでの人格はリアルな人格と同じケースが多いですよ。もちろん平野さんの五分類のどの層の人について語るかによって、全然違ってきてしまうのは事実ですけどね。

平野　確かに、こういう議論になると、僕は作家的にナイーブなものの見方をしている可能性は否定できませんね。実際に会社勤めをしているわけではないですから。ただ、僕もブログを書いている友だちはいるんですが、実際に会って喋っている時の印象と書いている彼との間には、やっぱり、齟齬がある気がします。

梅田　そういう時に僕は違う印象をもつんですよ。平野さんが「齟齬」と思うかわりに、「ああ、この人ってこんなすごいところがあったんだ」「こんな違う面もあったんだ」と思うわけ。つまり、日常ではわからないことが現れている。リアル世界で付き合っていても相手のすべてがわかるってわけじゃない。両方合わせて一人のアイデンティティで、「ああ、人間って面白いな」って、僕などは思ってしまう。

平野　いや、まあ、「齟齬」というのはいい言葉じゃないですけど、一つにはやっぱり、言葉の問題があると思うんです。僕は職業柄、よく考えるんですが、自分を語ることは、自分を知ることではあるんですが、同時に自分を誤解することでもあると思うんです。僕はこんな人間だ、と語ってしまった瞬間から、そう信じてしまうわけですけど、結局は言葉ですから、本当はちょっとズレてしまっているわけで、それで逆に自己規定してしまってもいるんでしょう。特に、「2ちゃんねる」は極端ですけど、ブログの世界にも独特の語法があって、ブログを書き始めるときに、どうもみんな、そのコードというか、書き方を意識的にか無意識的にか、踏まえているような気配がある。すると、友人が書いているブログでも、その語り方の違和感から、何となく別人のような印象を受ける、というのは一つあると思います。これは文学の世界の話で言えば「私小説」というジャンルの問題と通じる話だと思いますし、精神分析学の言語化された自己像という話にも拡がっていくと思いますが。

それから、そういう「別の一面の発見」ということは、その人の多様性を知るということで、いいことだと思うんです。梅田さんもおっしゃったとおり、そこに表れた彼と、日常で知っている彼との両方を合わせてその人だと理解できる、というのはある意味で理想的だと思います。それは、人間関係をより深くしてくれるでしょう。ただ、それはブログの存在を友人に明かしているケースですね。そうではなくて、リアル社会で自己実現できていないとか、自分の言いたいことを自由に言えないとか、そういう不満の結果として、匿名で、ネットの中に思いを吐き出している人たちもいる。彼らには、リアル社会とネット社会という二分法があって、その境界線が主体の内側に内在化されていて、前方に一つのリアルな世界が開かれ、後ろ側にももう一つ別の世界が開けている。その結節点に、主体が形成されているんじゃないかという印象なんです。

梅田　なるほど。もちろんそういうケースもあるでしょうね。

●抑圧されたおしゃべりのゆくえ

平野　僕はずっと、個人に注目してしゃべっていますが、個人がそうした状況に陥っているのは、結局のところ、先ほどお話ししたように、リアル社会に本音を語る十分な場所や時間がないし、それを許す雰囲気がないからなんでしょう。

これもまた卑近な例ですけど、フランス人は食事の場でも結構本気で議論するんですね。日本だと、ここまで言うと場の空気が悪くなるからというので控えるようなことを、みんな割とストレートに言い合う。そういう場所で、自分の見解を自由に話して、あの人はこういう人間だというのを相手から承認されるなら、別に彼らは家に帰ってわざわざブログに書くことなんてないんじゃないかという気がしたんです。フランスは個人主義の社会だと言われますけど、その根底には、人はみんな違うという認識がある。他方で、日本では調和が重んじられますが、悪くするとその「親密さ」は、他者との距離を押しつぶしてしまって、日本人はみんな似ている、言葉にしなくても「だよね？」「うん、だよね？」と分かり合えるといった、個性に対する一種の暴力としても機能してしまう。単に経済活動の場だけではなくて、気楽な食事の場所でも、日本では、今風の言い方なら「場の空気を読む」という感じが強くて、一種の抑圧が働きがちだという気がします。元々この「場の空気を読む」というのはテレビ制作の現場の発想であり、用語だと思いますが。そうして、そこで言い残したことが、ブログにこぼれ落ちていってるんじゃないか。あのとき、本当はこんなこと言いたかったんだけど、言わなかった、といった感じで。今、世界中のブログで使用されている言語の中で、最も使用頻度が多いのは、英語ではなくて日本語だという驚くべき調査結果がありましたけど[*3]、今いったような話は、その理由の一つなんじゃないかと思います。

もちろん、日常の「おしゃべり」が堕落するというのは昔から指摘されてきたことで、それが本来あるべき対話の受け皿にはなりにくいというのも実感として分かりますけど、それでもネットの世界に出口がない時代には、結局、現実の世界で自分の顔とともに言いたいことを言うしかなかった。僕が興味があるのは、そういうある種の二重生活を、例えば今、三十代でブログを書いている人が八十歳まで続けるのかということなんです。日記帳につける日記は意外と続かないものですけど、それはやっぱり、誰にも伝わらない虚しさがあるからでしょう。だけど、ウェブには確かに、新しい公的領域となり得る可能性があるわけで、そこで言いたいことが言えているからいい。それが一つの新しいバランスとして機能していくのか、それとも結局は破綻《はたん》して、いつか一致させたいという欲求に向かうのか。

梅田　バランスとして機能して破綻しないと思いますね。そして「別の一面の発見」というあたりで、この議論の全体をポジティブに理解したい気がやっぱりしますけれどね。「リアルで知っているから相手を理解できている」という幻想を相対化してくれるという意味でも肯定的にとらえたいと思う。ただ僕は、知り合いのブログ以外は、ある程度ハイエンドで読むに値する情報を発信している人のものしか読んでないから、母集団が偏っているのかもしれません。

平野　情報に対する態度としては、それが一番クールなんでしょうし、実際のところは、僕も含めて、大多数の人はそうなんだと思います。これはだから、なんというか、万人が認めるウェブの圧倒的な可能性の一方で、ウェブが僕たちの社会にもたらした複雑さに対する僕の関心なんです。

僕は今あえて、先ほどの話にあったようにリアル世界に対して不満を抱えていて、あんまりハッピーでもない気分でブログや書き込みをしている人たちに特化して考えているんですが、彼らがネット世界である種の癒しを得て、満たされることがあればあるほど、リアル社会に対する彼らのパワーは収斂《しゅうれん》されることなく霧散していくんじゃないかという気がするんです。

梅田　リアル社会を変えるパワーということでしょうか？

平野　そうですね。ネットの出会いのチャンスなんかを生かして、自分の生活の改善に努めている人たちは、非常にたくましいと思うんですよ。だけど、その一方で、ネットには、リアル社会やいわゆる「エスタブリッシュメント」を、シニカルに笑い合っているような雰囲気が、まあ、一部にある。僕はそれが、悪いとは思わないんですよ。今の世の中で、くだらないと思うことは僕だってたくさんありますから。だけど、その笑いは、結局、リアル社会や「エスタブリッシュメント」をまったく動揺させないし、むしろサブシステムとしてその安定に手を貸していると思うんです、図らずも。

　スラヴォイ・ジジェク(＊4)というスロベニアの哲学者が、『存在の耐えられない軽さ』で有名なミラン・クンデラ(＊5)というチェコ出身の作家を批判してるんです。チェコでなかなか共産主義政権を打倒する革命が起こらなかったのは、クンデラの小説にあるような、知識人たちのあのシニカルな笑いのせいだったと。彼らは共産主義のイデオロギーを真に受けずに笑っていたけれど、体制側も、それは織り込み済みで、むしろ笑いながら、信じているフリだけしていてくれればよかったと。結果、現実は長い間何も変わらなかったと言うんですね。これは全体主義イデオロギーについての話なんですけど、僕は今の国家や大企業なんかにしても同じだと思うんですよ。どの会社も愛社精神なんて最早マジメには期待していないし、せいぜい、ネットでこっそり悪口でも言いながら、それでも真剣なフリだけして働いてくれれば御《おん》の字なんでしょう。それは、政府にしても、メディアにしても同じじゃないですかね。ネットの住人がシニカルになっているつもり以上に、リアル社会の方がある意味、もっとずっと残酷にシニカルでしょう。

　確かに、国家や大企業、更には暴力団といった存在まで含めて、一個人を簡単に捻《ひね》り潰してしまえるような権力に対して、ネットの匿名の声を束ねて対抗するというのは、ウェブ2・0以降の新しい、有効な批判の手段だと思いますし、それはリアル社会を動かし得るかもしれないけれど、今のところ、そのトピックの選択の仕方は、なんというか、趣味的な感じがしますね。

梅田　でもそれは、いまの日本の権力の状況や個人の自由の問題が、一般的に言ってそれほどとんでもないことにはなっていないからだ、と見ることもできませんか。もっともっとそういうことに大きな問題のある環境下では、ネットの力を利用した対抗の可能性や、リアル社会を動かし得るパワーが現れる余地は、今でも十分にあると思います。

●顔なしですませたい

平野　もう一つ、ネットの匿名性に関して、やっぱり人が目を背けがちなことだけれど、興味深いのは欲望の問題だと思いますね。人間の中には、個人の独創とは言えない匿名の欲望があって、それらは、本来は社会的なコードには従わないものが大部分でしょう。『顔のない裸体たち』であえて性の問題を扱ったのは、性欲こそはまさしくそういう欲望の代表だと考えたからなんです。

セクシュアリティ（性的嗜好《しこう》）というのは、その人に固有のものではなくて、権力関係の足場として、言葉によって外からの力で捏造《ねつぞう》されたものだというのは、『知への意志』という本の中でフーコーというフランスの哲学者がしつこいくらいに強調していたことですが、これが機能するのは、結局、捏造されたセクシュアリティに、ただちに顔の同一性に基づく個人の署名がされてしまうからだと思うんです。自分を取り囲んでいる情報に影響されて抱くようになってしまった欲望でも、それを満たそうとするときには、自分が主体にならないといけない。ところが、ネットでその欲望が追求される場合には、そうした署名の必要がない。あるいは、偽の署名でいいわけです。これは、大きな違いじゃないかと思うんです。

梅田　なるほど。

平野　実際には、現実の世界にもまともな部分と怪しげな部分とがあるように、ネットの中にも同じような部分がある。「2ちゃんねる」の中にはヒドいスレッドも多いけど、現実の出版界にも非常に低劣なものはありますよ。にもかかわらず、両者が単純に同じだと言えないとすれば、結局、顔が見えているかどうかだと思うんです。そうして、現実の世界には顔とともにある自分を対応させ、ネットの世界には顔なしですませたい自分を対応させるという生き方を採用するとなると、これは主体のあり方にとって、良くも悪くも非常に新しいことなんじゃないかというのが僕の考えなんです。

梅田　もちろん同感します。ただ、その「新しさ」が、どのぐらいネット全体の問題を考えるときの「へそ」なのかというのが、僕がこだわっているところかもしれません。

平野　それは、その通りだと思います。僕も、それが「へそ」だとは言いませんが。

梅田　僕は、知の可能性のほうに偏り過ぎているのかなあ。

平野　いや、基本的には、僕もそっちの方の可能性に興味を抱いている一人ですし、その発展に期待もしてますが、やっぱり、「ネット全体の問題」というときに、こういうことも考えるべきだとは思ってるんです。行為の結果が社会的な自己に跳ね返ってこないというのは、決定的に新しいんじゃないですかね。

梅田　確かに、ミクシィは会員が五百万人以上いるのに、あまり荒れないし、人の悪口があまり書かれないメディアなのですが、それは、ハンドルネームで匿名の人も多いんだけど、ミクシィって自分の友達をリスティングするから、とんでもないこと書いてると、最終的には誰だかわかっちゃうからでしょう。平野さんの言葉を借りれば、ミクシィは、社会的な自己に跳ね返ってくることが抑止力になっているということですよね。書いているのが誰かということが、友達を通して結局はわかってしまうゆえの抑止力です。たとえば僕の本について書かれていることをネットで読むと、ブログで書かれるもののほうが振幅が激しい。強烈な悪罵もときどきある。他方でミクシィでは、まったりした感じの好意的なものが九割で意味のない悪口はめったに書かれない。

平野　ヘンなこと書くと、リアル社会の自分に影響してしまう。差別的なことを喜々として書けば、紹介者から人格を疑われてしまうでしょう。一般の匿名のブログがミクシィと違うのは、それが切断される可能性があるということでしょう？　その分、ネット独特の先鋭性が見られる、という見方も出来ますが。

梅田　過激になる傾向はありますね。ただ僕は、そういうことも含めて、あるネット上のコミュニティにおける善意と悪意では、どんなに悪くても五一対四九くらいで善意が勝つ、だから何とかなるんだ、という感覚を実は持っているんです。これは若い世代との交流から学んだことでもあります。ネット上にあるコミュニティができた時に、わざわざそこを壊しに来ようという人って、そんなに多くないんだな。善意や努力の結果を集積しようという強いエネルギーを常にネット上で感じますが、悪意を集積しようという営みは、皆無ではないけれど、それに比べれば弱い気がする。もちろん、そう思いたいという気持ちが背景にあることは事実ですが。「2ちゃんねる」に行けば、これはもう別の空間で、みんな好き勝手にやっているというのは分かります。それを面白いから行って見に行く人がいるのも分かる。でも、それとブログの空間というのはまた別で、ある程度悪いことも書かれるけれども、とんでもなく「炎上」していくというのは、ある意味で書き手の責任だって思うことが多いなあ。例外はむろんありますけど。

平野　まあ、そうですけど、「炎上」は、たったこれっぽっちの「失言」が、これほど悲惨な仕打ちにさらされなきゃいけないんだろうかと、僕はやっぱり怖いですけどね。

最初の数人はともかく、千五百番目とかに罵詈雑言を書き込んでやろうと思う人の気持ちが僕はよく分からないんですよ。どういう快感なのか。

●アイデンティティからの逃走

平野　匿名の問題に関しては、例えばネット証券のようなシステムを運用するためには、結局、参加する人の身元をリアル社会の身元と合致させる手続きを取ることが一番確実なんですね。それで、リアル社会が培《つちか》ってきた規範を簡単にネット社会に引き込むことが出来る。

このところ、生体認証が流行で、指紋とか網膜とか静脈とか、あとはDNAだとか、あらゆる形で身体的な特徴が収集されて、活用されていますけど、あれは、現代人の非常に複雑になったアイデンティティの統一性を確保するための最終手段だという感じがします。個人情報はもちろんですけど、もうそれだけでは追いつかなくて、「平野啓一郎は、「平野啓一郎だ」という自明のことを最後に確証するのは、やっぱり身体の同一性なんですね。犯罪捜査から、銀行のATM、パソコンの認証に至るまで、みんなその方向で動いている。ネットの匿名性とは、そういったアイデンティティの管理からの逃走ということなんじゃないですかね。ネットで行われることは、匿名である限り、身体を備えた主体に返ってこないから、行為には一種の無責任性がある。

僕はどっちかというと、それをネガティブに考えてきたけれど、権力の管理の手をすり抜ける、という意味では、確かにスリリングな一面はあるんですね。そこで得られる自由はあるわけで、必ずしもそれが悪いものばかりとは限らない。先ほども指摘しましたけど、悪しき権力に対して、アイデンティティの拘束から逃れたところで発言できるというのは、画期的なんじゃないでしょうか。僕が匿名問題に拘《こだわ》るのは、むしろ匿「顔」性というか、ネットの無身体性から、色々なことが考えられる気がするからなんですね。

●たかがネット

梅田　おっしゃる通りだと思いますが、僕は最近、逆説的だけど「たかがネット」と考えることも大切かなと思うんです。「たかがネット」って言い方は、ネットの可能性を自ら限定するみたいだけど、やっぱりネットが活きる領域は情報までだと思うんですね。情報がすべてだ、という考え方もあるけれど、やっぱりネットの空間では、情報以外はいじれない。逆に言うと、リアルにはリアルのすべてがある。お金の回り方で言うのがいちばんわかりやすいかもしれないけれど、リアルの世界というのは摩擦がいっぱいあって、何かやるためにはお金がかかる。だからリアルではネットよりもお金がまわっていきやすい。移動するのに飛行機に乗るとか、ご飯食べるとか、そういうことのたびにお金がかかっていくから、リアルの世界でのお金の回り方ってネットに比べてすごく大きい。その代わりネットは、情報だけに関しては、情報の複製コストがゼロとか、伝播《でんぱ》速度無限であるとか、そういう特別な法則が働いています。ネットで何か新しいことをやろうとしたら、ほとんどタダですぐに出来ちゃうからすごいことは起こるんだけど、その達成に比べてお金はあまり回らない。だからたぶん、相変わらず向こう何十年も、経済面ではリアルの世界の方が大事だということが続くと思いますよ。人間はそういうこれまで通りのリアルを生きながら、全く新しいネットをも生きる。そんなイメージを抱いています。

平野　例えば、グーグルが個人のブログに広告を配信するという「アドセンス」で生活出来るようになるかもしれないというような話についてはいかがですか？

梅田　もちろん、そういう新しい可能性が生まれます。これまで出来なかったことが出来るようになるから、それはすごいことです。ただ、やっぱり経済全体から見れば限定的だという視点もあわせて大切だと思うんです。巨大な経済活動の中で、広告収入とか、物販の手数料のマージンのところがネットに移るだけでは、やっぱり世界のお金の動きのほんのわずかですよね。

平野　そうですか。僕なんかが『ウェブ進化論』を読んだ感じでは、もっとそのペースが速くて、ネット世界での経済活動を含めた出来事のインパクトがどんどん大きくなるという印象でしたが。

梅田　メディアのような情報そのものを扱う産業へのインパクトは本当に大きいですよ。あと、どっち側から見るかなんですよ。何もないところがこんなに大きくなってすごいと見るか、全体の比率で見るか。グーグルは、広告収入だけで一兆円近くすぐ売り上げちゃったけど、でもネット広告市場って全世界でいま三兆円位しかない。三兆円なんて、世界全体で動いているカネの全体から見るととても小さいですよね。リアル世界の広告市場全体って広義に考えれば五十兆円くらいあって、グーグルはここを少しずつ侵食して、売上を伸ばしていこうとしています。一企業にとってはとてつもない可能性ですよね。でも「たかが広告じゃないか」と、経済全体の大きさを実感している人たちは思う。

そういう違いだと思います。
だから関連して思うのは、匿名で出来ることって、その観点からいくとかなり限られますよね。もちろん人を罵倒するとか傷つけることはできるけど、匿名でネットの空間で本当にすごいことが出来たということはないですよ。やはり実名とリンクさせてネットの上で何かをやると、すごくリアルに跳ね返ってくるんですから、その方がいいでしょう。

平野 それはその通りですね。

梅田 だから匿名で出来ることというのは、「逃げ場」みたいなものというのが第一義で、その役割をネットが果たしている気がします。

●ネット世界の経済

平野 ネットの役割を、経済的な観点に絞って数字とともに聞くと、確かに現状がどの程度なのか、非常によく分かりますね。あとは、ネット社会をミクロの視点で見るか、マクロの視点で見るかでかなり変わってくる。単純に時間のかけ方だけ見ても、ネットが一個人に及ぼす影響はやっぱり大きいと思いますが。

梅田　人間の内面的にはすごく大きいわけですよ。でも例えば将来、人気があって影響力がものすごく大きいブログを、実名で書いている人と匿名の人がいる。どちらにしても百万人も集まればかなり大きなうねりになるから世の中にすごく影響を及ぼすけど、匿名だと友達もそれを知らないし、人に影響を及ぼせる程度も限られる。けれど実名の人はリアルの社会にもその影響力が及び、何か経済的な発展があったりしますよね。リアルに戻ってこないと本当に大きくは稼げないし、社会に変化をもたらせない。だからマクロで見ると、匿名で出来ることの集積というのは案外小さいという予感があります。

平野　結局は、ネット世界での活動も、それを有効なものにしようとするなら、リアル世界での活動の一助という位置づけで理解すべきなんですかね？

梅田　これからもそういうふうに生きる人がかなりの数いると思いますし、そういう人たちにとってのネット理解はそれでいいのではないかと思います。ネット社会というのは、リアル社会と行き来できる何か異次元の空間という感じで、そこへの関与の度合いは個人によって全然違うもの。その新しい空間というのは、情報の伝播の問題も共同作業の問題も、全然リアルの空間と違う経済法則で動いてるから、面白い。ただ、若い世代はまたそれとはぜんぜん違う、僕などには想像もつかない理解の仕方をしていくんだろうと思いますけれど。

平野　たとえば、去年（二〇〇五年）は、ネットを通じての株の個人投資ブームがあって、日経平均はものすごい勢いで上がりましたが、クリックした瞬間に何百万円という売買が出来る環境の中で、実際に破産したり、退職金を全部つぎ込んじゃったりしたような人もいる。その後、特に新興市場で株価がなかなか戻りきれなかったことに、ネットの個人投資家の冷え込みの影響は大きかったでしょう。そういう意味では、すでにネットの世界での経済活動がリアルの世界にも大きな影響を及ぼしてきてるとは思いますけれど、その辺はどうですか？

梅田　影響はないわけじゃないんです、もちろん。僕は、すごく変化するとは思ってるんだけど、日常生活すべてが大きく変わっちゃうというような非現実的な変化ではないと考えているんですよ。株の例で言っても、国民全員がネットで大きく株取引をするようには絶対にならない。新聞がなくなるとか、本は消えるとか、そこまではいかない、でもすごく変わるよ、と言いたいわけです。

平野　ええ、わかります。その辺が、今のネット世界の変化の大きさに興奮しつつも、リアリストとしての梅田さんには冷静に見えているところなんでしょうね。『ウェブ進化論』という本は、ちょっと想像力を掻き立てられるような刺激に満ちていますから、僕も含めて、多くの人がかなり急激な変化をあれこれ考えてみたと思うんですけど、そういうことのなかには、百年単位では実現してる、というようなことまで含まれているんでしょう。

梅田　そうですね。部分的にはものすごく早く変化しちゃうかもしれない。まだよくわからないんですよね。確かに、情報だけで済む話というのは、どんどん進んで行っちゃうんですよ。例えば研究っぽいソフトウェアの開発なんて、もうネットの上の共同作業でオープンソース的にやって作られるものに企業はかなわない。ソフトウェアというものがリアル世界の人間や企業のしがらみを離れて、って言うと変だけど、できあがったものがリアルに戻ってこないで、どんどんネットの一部に組み込まれていっちゃうから、ものすごいスピードで進化します。

平野　影響力の話ですと、オープンソースというのは、リアルな世界にものすごく大きなインパクトがあったんですね。グーグルが、立ち上げに際してリナックスを全面的に導入した話は、御著書の中でもかなり印象的な箇所でした。

梅田　そうですね、そういうことにすごい影響がある。ただ一つ一つきちんと考えていくと、オープンソースが出てきたからといって、ソフトウェア産業が全部壊れてしまうなんてことはなくて。もちろん影響はあるんだけれど、世の中全体を俯瞰《ふかん》して見れば、風景の変わり方は短期的にはそれほど大きくない、という感じでしょうか。

●平野啓一郎という無名人

梅田　ところでインターネットについては世代といった時に、十年とか十五年とか、そういう単位では分けられないんですよね。一年の違いとか、何年に大学生だったかどうかというような違いが結構大きい。たとえば、一九九七〜九八年の時点では、ホームページの永続性というのはあまり前提とされていませんでした。ネット上のコンテンツは永続しないものという感覚がネット全体を支配していた。書いたものは一年か二年で消えるのが普通で、ずっと同じ場所（URL）にホームページを置いておくというのは技術的にも結構大変だった。

平野　それが保存可能になってから、ネットの中の時間の概念、というより、そもそもの時間の概念も変わってきましたね。過去に何をしたとかどうだったとかいうことが、しつこくネット上に残り続ける。これまたアイデンティティの形成にも大きく影響を及ぼしていると思います。

梅田　これはもう、ネットと付き合う上では、不可避なんですよ。環境変化が好ましいものであれ好ましからざるものであれ、その環境変化が抗しがたいパワーを持って我々に迫ってくるとき、僕はそういう変化を前提にどうサバイバルするかということを、よく考えます。環境変化そのものを止めようとか、環境変化の性質を変えられないかとか、そういうふうに考えずに、環境変化を不可避と考えてどう行動すればいいか、ということばかり考えます。たとえば、インターネットの特性を利用して逆に身を守る方法はないか、と考えるんです。

平野　それはどういう意味ですか？

梅田　たとえば「膨大＝ゼロ」と考えてみることから出発します。全部オープンになっていると、逆に誰も全部は読まないんだと。つまり、ある事柄について情報がオープンになっていて、それを全部読めるとなったら、十万件、百万件の情報全部を読む人はいないですよね。だからその中に紛れてしまえば消えてしまうと考えるんですよ。

それから、工夫するんです。子供の名前を有名人と同じ名前にしておけば、隠れ蓑《みの》になって検索エンジンに引っかかんないんじゃないか、とか。これからは、そういうことをみんなが考えていく時代になるんじゃないかと思うんです。そんなことを考えながら生きるのは嫌だ、というのはもちろん自然な反応ではあるのですが。

平野　最近はやらなくなりましたけど、僕の名前を検索したら、だいたい僕が出てきますね。

梅田　それはセレブリティの宿命なんです。ところが、ある平野という姓のお父さんが「平野啓一郎と検索しても、作家の平野啓一郎が出てくるから、こいつは検索されずにかなり長いこと幸せに暮らしていけるであろう」と思って、子供に啓一郎という名前をつけるというのは有りだと思う。

平野　なるほど、考えたこともなかった（笑）。

●空いてるスペースを取る

梅田　逆に、商品名みたいな新しい言葉を思いついたときは、検索で引っかかってほしいと思う場合もありますよね。そのときは、空《あ》いてるスペースを探すという方法がありますね。僕は自分の本のタイトルを、グーグルで空いてるスペースから探してつけるんですよ。『ウェブ進化論』も空いてたんです。

平野　どういうことですか？　空いてるスペースというのは？

梅田　グーグルで「ウェブ進化論」って検索しても、僕の本が出版されるまでは、二十件位しか検索結果がなかったんです。「ウェブ」と「進化」ってありそうなんだけど、組み合わせたのはなかった。それで、あ、このスペースを俺は取るぞと思ったわけです。特許を取ったわけじゃないけど、実質的に『ウェブ進化論』というタイトルは空いていた。小説だとタイトルは比較的固有になるからいいんでしょうけど、僕のような評論ものだと、タイトルのつけ方ってすごく難しいんです。『シリコンバレー精神』(＊6)というタイトルもいろいろ検索して調べたら、これが空いていた。それで決めました。

平野　候補になったタイトルを全部、検索したんですか？

梅田　ええ。だから今は「ウェブ進化論」も「シリコンバレー精神」も誰かが検索したら、僕の本だけが出てくるわけで、マーケティング的な言い方になっちゃうんだけど、そういう工夫をしながら検索エンジンと付き合っていくのが、これからの時代を生きる術《すべ》の一つだと思います。

平野　それは結構、目から鱗《うろこ》が落ちるような話ですね。小説家は、まず誰も思いつかなかったでしょう（笑）。商品はともかく、個人に関しては、ネット上の記述のために過去に拘束される度合いが強くなったでしょうね。リアル世界のある場所でやったことが、その気になれば世界中に暴露されて、十年後、新たに彼を知った人にまで知られてしまう。そういう怖さはありますね。良いことを何時までも覚えておいてもらえるというのもあるでしょうが、悪いことはたまらない。

梅田　だから、その時に唯一の救いは、膨大になればゼロに近づくという考え方ではないかと思うんです。つまり、ある情報が二百万件も検索エンジンに引っかかってくると、その内の一個というのは、もうほとんど砂浜の一粒の砂みたいになるんですよ。だからこうなったらもう、全部出すしか方法はない。全部出せば一個一個の情報の特徴が薄くなるし、検索エンジンに引っかかる度合いも下に行く。出して薄めるみたいなことをやるしかないと思います。

平野さんは有名だけど、自分で情報をあまり出してなかったから、少ないところが増幅されてしまっているんです。例えば毎日もしブログをお書きになって、その反応ばかりで検索結果が溢れるようになれば、逆にネット空間をある程度、自分でコントロール出来るようになるはずなんです。ブログも情報開示の一つなんです。書けば書くほど、自分から情報を発信すればするほど、その発信への反応も含めて、検索結果空間を、自分でコントロール可能になってくる。自分が発信しないでいると、他人が思いつきで書いたものが上位に来ちゃって、その記事のインパクトが大きくなる。

●分身の術

平野　僕が最初にホームページを作ったのは一九九九年だったんですけど、最初のきっかけはそれだったんです。当時、僕のファンがアンオフィシャルでホームページを作っていたんですが、熱意はもちろん嬉しかったけれど、事実誤認が多かったし、段々掲示板も荒れ始めて、それが嫌だから、オフィシャルなものを作ったんです。

梅田　だけど、最近は一個じゃだめで、毎日毎日ブログに何でもいいから書いてれば、案外コントロール可能なんですよ。検索結果の百件日以降は、ほとんど誰も見ないもの。

平野　それはそうですが、でもそうすると、何のために書いてるんでしょう？　日々の更新をその都度見てもらうというだけですかね？　例えば一年間の中で、ある時とても大事なメッセージを発したとしても、それは時間が経つと埋もれてしまうということになりますが。

梅田　いや、ネット上に分身を作って身を守るということですよ。分身の術《じゅつ》。検索エンジンというものの意味が大きくなったところをどう生き延びるかということを考える時代に入ったということだと思います。

平野 それこそ、サバイバルの術として、これからはそういうことも必要でしょうね。その方法は、名前が出てる人の場合、有効でしょうけど、一般の人はどうですか？　何かやったとかいうことが、たとえば「2ちゃんねる」みたいな場所に出た時に、自分で固有名詞でバンバン書くわけにはいかないですが。

梅田 そうですね。ただ「2ちゃんねる」では、過去の膨大な書き込みって読みにくいし、今書かれていることだけを見てる人が99・99%で、前の書き込みをたどって何かするという人は少ない。見る人がいないわけではないけれど、ほとんどいないはずだと考える強さを持つことの大切さを教えていかなくちゃいけないと思う。何か一つの悪い書き込みを潔癖に嫌がってつらい思いをしちゃうのは可哀想だけれど、そういうメンタリティで生きていかないほうがいいんだよ、ということを教えてあげることが大切かもしれません。

●『サトラレ』の世界

平野　十年経ったら残っていないかもしれないけれど、でも身内が犯罪者だとかいうことが、最近はすぐに暴露されてしまうでしょう？　時には顔写真まで貼られて。リアル社会でも人の悪口、陰口はあるんだけど、そのうち消える。でもネットだと、残りますからね。

梅田　ただ、それをみんなが面白がってどんどん悪い方向に向かうのは、むしろリアル側の狭いコミュニティでより強く起こっている現象なんじゃないんですか。ネット上で大事なのは伝播力なんです。書く人がいても、誰も見向きもしないというのは、存在しないのと一緒。そう考えることが大切です。これは悪いものだけど面白いぞってリンクを張る人が相当数いると、検索でも上位に来るんだけど、全体でみればそんなにとんでもないことにはなっていないと思う。

平野　その自動排除のシステムは、しかし、良し悪しですね。個々人の理性的な判断がそういうものを淘汰するのであれば結構なことですけど、その良さが分からないせいで淘汰されてしまう優良な情報もあるでしょうし。

梅田　もちろん。だけど例えば指紋の認証システムの技術開発の時に、誤動作って、正しいのが落とされるケースと間違ったのがＯＫになるケースがあるんですね。正しいのが時々落ちるのは、もう一回やって開けばいいからOKなんですよ。だけど、間違った指紋で開いてしまうのは絶対ダメだから、そこのところはかなりの精度が出るまで製品に出来ないんですよ。これと同じことなんですね。要するに、情報のひどいもの、とんでもないものが上がってくるということが少なければOKで、いいものが埋もれちゃうのはまた書けばいつか上がってくるからいいんだという考え方なのです。

平野　指紋の話は、非常によくわかりますけど。

梅田　同じですよ。ブログの空間って、人を惑わすひどいものをみんなが面白がって、それがどんどん蔓延《まんえん》するばかりの空間ではないと思う。嫌なことが書かれていると思わずそこに目がいってしまい衝撃も大きいですが、そういう書き込みに限って本人以外には軽く無視されているケースがけっこう多くて、気にするだけ損だなんてことがよくあります。それは、僕が何となく世の中の善のほうを信頼したい気持ちの一つ大きな要因になっているんです。

平野　そうですか。確かに、ブログで自分のことなんかが悪く書かれているのを目にしたときの感じって、ちょっと前に、『サトラレ』(*7)という漫画がテレビドラマ化されたのを見たんですけど、あれに似てるんですね。それは、考えてることが全部周囲の人に伝わってしまうという架空の病気にかかった人の話なんですけど。みんな普段の生活の中で、もちろん色々考えることがあると思うんですけど、礼儀上、相手に対してそんなに酷《ひど》いことは言わないでしょう？　でも、考えてしまうのは仕方がない。独り語り系のブログって、それがそのまま言葉になってる感じがするんですね。まあ、要するにピン芸人的な内容なんですけど。だから、本人は内心の声をそのまま綴っただけくらいの気持ちかもしれないし、実は誰でも心の中では考える程度の内容かもしれないけど、言われた方は、かなり不快というのはあると思います。逆に、いい内容だと、直接言われるより率直な感じがして嬉しいというのもあると思いますけど。あとはまあ、物凄い悪意で書かれているものは、一つでもショックが大きいですからね。印象が強いのかもしれません。

梅田　もちろんそうです。一つの悪意が無数の善意を吹き飛ばしてしまう。僕もそういう気分になることがあります。でも、それでネットを否定してしまったら、もったいない。個として、そういう負の部分をやり過ごす強さとか、見ないようにするリテラシーを、これからのネット社会では身につけなくてはいけないと思うんです。

●パソコンをリビングに

平野　僕はたまたま一年間フランスに住んでいたし、ある意味ではシリコンバレーからも最も遠い街という気がしますから、例としてつい挙げちゃうんですけど、僕がいた頃、パリでは、「パソコンをリビングに置きましょう」という運動が起こってたんです。子供がまだ物事の判断がつく前から、訳のわからないサイトを見て変に影響されないように、パソコンはリビングに置いて、そこでしか検索させないようにするということなんですが。ある程度大人になってくれば、情報の偏りについても、自分で判断出来るようになりますけど、まだ何にも分からない年頃に「アウシュビッツはなかった」とかもっともらしく書かれたサイトなんか見ると、そうかと思うかもしれない。

梅田　鉄道が出てきた時とか飛行機ができた時とか、新しい道具が出てきた時に、やっぱりその道具の犠牲者ってたくさん出ているんですよね、最初は。そういうことと結構似た悲劇が、ネットに関しては向こう二十年位の間続くかもしれないと思います。

平野　まだ出て十年ですからね。驚きますね。

梅田　そういうまったく新しい道具だし、道具っていうのは正の部分と負の部分があり、負の部分も同じように増幅されていくから、犠牲者が出ますよね。だからやはり十九世紀の人たちが、どうすれば鉄道に轢《ひ》かれないですむかというリテラシーを身につけたのと同じ意味で、自分の中でリテラシーとして強く持つ以外ないと思うんです。

平野　意識を強く持てというようなことなんですかね。でも、ネットに関するリテラシーっていうのは、どうやってこれからの世代の人たちが身につけていくんですかね？

梅田　いや、使っていれば自然と身につくでしょう。最初は、身についた人だけが生き残ると言ってもいいかもしれない。自然に負の部分をやり過ごす能力がないと長生き出来ない。リテラシーというよりは、もう生存本能ということですね。

平野　生存本能。環境適応ですね。ほんとにそうだと思います。

梅田　「あ、これは嫌なものだな」と思った時に見ないっていう本能ですね。「2ちゃんねる」が出てきた時はわかんないから見に行ったけど、ある時から見に行かないというリテラシーが出来ていきましたよね。検索エンジンでも百件先にはいいものがないだろうから全部見ても時間の無駄だから行かない。そういうリテラシーというか生存本能を身につけて、みんなが環境適応していくと信じています。

平野　ブログは、本人がコミュニケーションを前提としているものは、批判的な内容でも最低限の礼儀が保たれていますけど、独り語り系はそういう配慮はしないですからね。

本当は、見るのはコミュニケーション型のブログだけで良くて、独り語り系はそっとしておいていいんだと思いますけど、それでもトラックバックなんかつけられると、つい見てしまいますから。まあ、僕自身、最初のインパクトから経験した世代ですし、少しは分かってきましたが。

梅田　僕だって嫌な思いは経験してるんだけど、だんだん適応してきています。要するに情報が膨大だから淘汰されるんだけど、いろんな淘汰のされ方があって、みんなが淘汰するのもあれば、自分のところで淘汰するのもある。

平野　そもそも情報の絶対量が膨大ですから、限られた時間の中で、すべて網羅できるなんてことはあり得ないですからね。

梅田　だから全部を見て傷ついたりするよりは、自分にとって悪いもの、不必要なものは見ない。そうやってネット・リテラシーを育てていくしかないのだと思います。

＊1　二〇〇六年新潮社刊。平凡な女教師が出会い系サイトで男と知り合い、付き合い始め

たが……。ネット社会の罠を克明に描いた衝撃作。

＊2　二〇〇五年新潮社刊。外務省元主任分析官の著者が、「鈴木宗男事件」の真実と「国策捜査」の実態を明らかにして、事件の内幕を赤裸々に綴った手記。

＊3　http://www.sifry.com/alerts/archives/000433.html

＊4　スロベニアの思想家、哲学者、精神分析家。主著に『イデオロギーの崇高な対象』、『身体なき器官』など。

＊5　チェコ出身の作家。主著に『存在の耐えられない軽さ』『不滅』など。

＊6　二〇〇六年ちくま文庫。一九九四年同地に移住した著者が目撃したネットバブルの到来と崩壊の一部始終、個人としての体験と生活が綴られる。

＊7　佐藤マコト作の漫画。講談社「イブニング」連載中。映画化、テレビドラマ化されている。

第三章　本、iPod、グーグル、そしてユーチューブ

●表現者の著作権問題

平野　第一章でも出ましたが、アマゾンの「なか見！検索」は、あれはまあ、大半が冒頭だけですけど、いまや世界中の本を全部スキャンして、ネット上に公開するというプロジェクトがグーグルを筆頭に進行中ですね。これは、昔の著作権の切れたような小説や哲学書なんかが手軽に読めるということに関しては、誰もが諸手《もろて》を挙げて歓迎すると思いますが、現役作家の作品についてはどうなるんでしょう？　現在、執筆だけで食べていける作家は少数ですし、誤解も含め、これを脅威に感じている人は多いと思います。著作権の切れてない作品に関してまでこのプロジェクトが進むとするならば、表現者は最早、守られるべき弱者ではないかと思いますが。

梅田　弱者という言葉が適当かどうかはよくわからないけど、実は僕の父は作家で原稿だけで生計を立てていましたが、それって絶対に苦しくて嫌だ、と僕は子供心に確信していました。僕自身、ものを書いて生きていきたいということがある時期から頭の中にはあったけれども、それで生計を立てる生き方は絶対に嫌だと思って、他に職業を持つことを意識的に考えて今日に至っています。やっぱり表現で飯が食えるというのは、ある限定的な社会条件のもとでしか出来ないと思うのです。

平野　梅田さんみたいに社会的な能力にたけていて、しかも物を書く能力もある人は、しっかり稼いでその残りの時間を表現活動にあてる、ということが可能だと思いますが、社会適応能力はゼロでも、非常に文学的才能があるという人が、何とか食える程度には稼げるおかげで表現活動を続けられているのに、ネットの世界の論理で、そういう人たちの作品もタダで流通してしまう可能性はありますよね。

梅田　出版をめぐる仕組みも、表現者が金を稼ぐ仕組みも、これから大きく変化していくでしょう。その新しい流れと、どう折り合いをつけていくかという問題ですね。ただ「何とか食える程度」が、他の職業につかずに安心して一生表現だけでやっていける、というような額になるかどうかは難しいと思います。

大きな流れとして、「なか見！検索」でも、出版社側に「なるほどこれは中身が検索できるように公開した方がビジネスとして得かもしれない」という論理が出来始めてい(＊1)ることが重要です。ベストセラーは中身検索が出来ないほうがいいが、ロングテールの部分、ほんの少ししか売れない本については中身検索できたほうが、出版社、著者、読者三方にとっていいのではないかというコンセンサスがこれから確実に生まれていく。実際、恐らくその方向へ、次の十年でぐっとシフトするでしょう。さらに今、グーグル・ブックサーチ(＊2)もどんどん進化して、何十年という単位でなく、あと十年以内に世界中の図書館に眠っている書物がほぼすべてスキャンされてしまうようです。

平野　ただそうなると、本はみんな買わなくなるんじゃないですか？　僕もやっぱり、表現者としての生活にちょっと危機感を感じてます。圧倒的な数の人たちにとって便利だからという理由で、著作権をもっと緩和して、何でもネットで読めるようにすると言われると、困ってしまいますが。

梅田　著作権を固めれば固めるほど孤立していくという見方もありますよ。

平野　それは、具体的にはどういう意味ですか？　共有されないから？　対価を払って広まるんだったらもちろんいいんですけど、無料なんですよね。

梅田　そうなんですが、極論を言うと、本ってなぜ売れるんだろうということに行き着くと思うんです。例えば平野さんがブログをやっていて、今はこんな小説を書いているとみんなに知らせながら長い時間を過ごし、本が出版されたらその一部はネットでも読めたり中身検索も出来たりするとしましょう。そうすると「読む」という行為の一部は無料です。けれど、その「読む」という行為がもう少し便利になる、読みやすくなることにお金を払うとか、それを保存しておきたいからお金を払うとか、そこで初めて金銭的なものが発生する。こう考えられるのではないかということです。「読める、読めない」で、線引きをしているのが今の著作権の基本です。ところが、読みにくくてもいいならネットで読める部分もあるけど、まとめて電車の中では読めないとか、電気がない時は読めないとか、どこかに持っていきたいから本を買うとか、そういう利便性のほうにお金を払ってもらう、という考え方はどうですか？

平野　でも、ウェブに接続すればいつでも読めるということになると、若い人はそもそも所有することを考えてないんだから、もう本なんて買わないのではないでしょうか？

梅田　そうでもないと思いますよ。どうして『ウェブ進化論』がこんなに売れたのか、僕も不思議に思ったんです。

平野　それはまだ今の十代、二十代の若者が、圧倒的な読者ではないからじゃないですか？　それにネット上で全部は読めないでしょう？

梅田　いや、十代、二十代の読者はものすごく多いんです。それと、もちろん全部は読めないけれど、本を構成する素材はネットでかなり読めるんです。だけどネット上で、僕が考えてることを全部まとめて読もうとするとけっこう読みにくいということに、あるとき気づいたんです。僕は雑誌や新聞に書いたものもアーカイブにしてネット上に全部公開しているし、ブログもたくさん書いてきました。だから、それを読んでねって言うと、皆、一様に読みにくいって言うんですよね。

　ネットの役割というのは存在の認知という点でとても大きい意味を持ちます。僕がネット上に公開してきたたくさんの文章は、僕という人間の「存在の認知」には大きく寄与し、本が売れたことにプラスに作用したと思っています。

　たとえばネット上に有料サイトと無料サイトがありますね。「ウォールストリートジャーナル」くらいの充実した内容ならそのサイトに入るのに有料でも、ある程度の人が来る。そういうのは特別ないくつかの雑誌、新聞だけで、残りの物はたぶん、有料にした瞬間に誰も来なくなるんですね。有料ということはパスワードの向こうにあるということで、検索エンジンに中身が引っかかりませんからそこを経由してのトラフィックもない。しかも無料で飛んでいくこともできないということになると、アクセス数がいきなり百分の一くらいになっちゃうんですよ。だけど全部オープンにしてしまえば、その新聞を読みたい人だけでなく、検索エンジンが拾ってくれるから、そこを経由しても来る、そして読まれる。要するに「開いてないと、ないのと一緒」というロジックが出来るわけです。無料にして存在を知らしめるんですよ。

●「立ち読み」の吸引力

平野　確かに、エッセイのようなものを公開して「存在の認知」につなげるというのはよく分かりますけど、小説だとか、梅田さんの場合だと『ウェブ進化論』のような本についてはどうですか？

梅田　はい、作家の著作にあてはめていえば、まとまった最終作品をそのまま無料でネット公開したほうがいい、という意味では全くありません。その作品に関連する付随情報、作品の制作過程を紹介する「メーキング」的な情報、作品の断片などを、著者自ら積極的にネットで公開していくのはプラスだと思うということです。作品の存在を既に知っていて買うつもりでいた人がそういう情報に触れて「ネットで関連情報が豊富に読めるから、本までは買わなくてもいいや」と思うマイナスよりも、作品の存在を知らなかった人がそういう情報によって存在を知って本を買うというプラスのほうが大きいと思うんです。その認知度をリアルでカネに換えるという発想でいくべきだと思うんです。

たとえばグーグルがやろうとしてることって、著作権で守られているものを無償で全部読めるようにライブラリーで提供しようなんていうことではなく、インデックス化しようとしているだけです。平野さんの作品でいえば、ドラクロワとショパンという単語をアンド検索すると、二人が登場人物の長篇『葬送』のページばっかり出てくるようになるというイメージです。もしブックサーチと普通の検索が将来統合されるとすれば、今まではブログとかで適当なことが書かれている頁が上の方に来ていたけれど、検索結果の上から、ざーっと『葬送』の該当頁が並んできて、そこだけは読めるというふうになるはずです。そうすると、ドラクロワとショパンのことに興味を持ってる人が、『葬送』という本の存在を知る。その時に千ページもあるものを、ネット上で読もうと思っても無理だから、ぜったいに本屋に行きますよ。

平野　まあ、それはそうですね。

梅田　ドラクロワとショパンに興味のある人すべてが『葬送』を買ったわけではないでしょう。今まで『葬送』の存在を全然知らなかった人が検索によってそこに辿り着く。そうしたことが起こるということです。

平野　僕はちょっと誤解があったんですが、それは必ず一ページ単位での公開になるんですか？

梅田　著作権の切れた本は、既に無償でダウンロードできるようになりました。でも著作権が切れていない本については、検索結果に対して、限定的な「立ち読み」しかできない。それは間違いありません。ただ、一ページ単位の公開かどうかという細部は、グーグルと出版社の折り合いのつけ方の問題ですから、これから煮詰まっていく問題です。

アマゾンの「なか見！検索」サービスの戦略は、検索の結果のページは制約つきでお見せしますが、本をアマゾンから買った瞬間に中身はネットで永久に見られますよ、という方向です。この戦略は結構考えぬかれていて、このサービスによって本が売れるはずだから、出版社側もアマゾンには協力するという感じになり始めているわけです。ロングテールの本は全部そうなるべきだと思います。例えばひと月の売り上げ冊数がこのくらいに落ちたら、もうそれはグーグルやアマゾンに中身を上げた方がいいといった合理的な判断を、出版社が本の一点一点について細かくコントロールすべきです。過去の本は全部、載った方が売れますよ。

平野　なるほど。僕はそういうイメージではなかったんですよ。データのやり取りが丸ごと出来るようになると思ってたんです。例えば、図書館で本を借りるように、一冊単位でダウンロードが出来るようになるということはないんですか？

梅田　著作権が切れていない本についてはありません。心配すれば切りがないですが、グーグルやアマゾンには、それをやる理由がないですよね。他の第三者が無断でやる可能性はありますが、そこは著作権で引っかかるから取り締まれる。だけど、そんなことのデメリットより、今基本的にほとんどの人があんまり本を買ってないという現状を考えて欲しいんです。アメリカでは、アマゾンが出てきてから本全体の売り上げが伸びているんです。今まで本を読まなかった人が、こんなところにこんな本がある、と発見して結果的に出版業界のトータルの売り上げが上がっている。ミクロに見ても、ロングテールのところで埋もれているいい本なのに、全然知られなくて知られてない本があるとして、それがどういうふうに知られるかというと、ほぼすべての人々が何かについて知りたいって思った時に、検索エンジンに行きますよね。その時に、その本のことが出てくるか出てこないかで、存在するかしないかというくらいの差があるわけです。人々の行動形態が変わってしまったのだから、本も検索に引っかかる方がいいんです。ただし、新刊で全部同時にやるべきだとは僕も思ってなくて、ロングテール側に行っちゃった作品に大きな効果があると思うんです。

平野　そうでしょうね。しかし、グーグルが実際にそういうふうにページを公開して、例えば、ショパンとドラクロワとで検索したら、膨大な恐ろしいような数がヒットしてしまって、意味のあるテキストはほとんど出ないんじゃないですか。

梅田　だからそこで、本の中身の検索結果も含めた自動秩序形成のブレークスルーが必要になってくるわけです。今だって、一般名詞二つ並べたら十万件とか出てくるわけで、それを全部見る人はいないでしょう。そうすると上の方に来るというのは、やっぱりある程度内容のある情報ということです。検索結果は、必ずしもリンクの張られ方だけで決まってるわけじゃなくって、そのサイトの氏素性《うじすじょう》が何かとか、いろんな要素を絡めて進化しているから、商品として本になったものは、当然検索結果の上位に来ると思います。誰かが認めたいいコンテンツなんだから当然でしょう。

平野　ちゃんと出てくるものでしょうか。

梅田　いずれはそうなっていくと思います。検索結果はすべてグーグルが準備するアルゴリズムによって決まってきます。だから、アルゴリズムの背後にあるその恣意性《しいせい》みたいなものをグーグル一社がコントロールするのは嫌だ、という考え方もあるけれど、僕は出版社のビジネス、作家の収入可能性を総合的に考えて、アマゾンやグーグルと出版社や表現者との提携は、いずれ十分リーズナブルなゾーンに入ると思います。

●本は消えるのか？

平野　最近、一方で、本の運命について考えるんです。ある程度の期間はネット上で読むものと紙媒体が並存するけれど、最終的には紙が消える、いや、紙はやっぱり残るんだという議論がずっとあります。僕は、『高瀬川』(＊3)から『滴り落ちる時計たちの波紋』(＊4)を経て今度出す『あなたが、いなかった、あなた』に至る一連の短篇作品の中で、色々なスタイルの小説を試みていて、それは一つに、現代の多様性、またそれを映し出すメディアの多様な状況をテクストに反映させることによって、小説の形式を刷新できるかもしれないと期するところがあったからなんです。でも携帯電話で小説を書く人や読む人なんかが出てきて、小説＝紙媒体という前提そのものが崩れてきつつあるところを見ると、自分の試みは、結果的には本というメディアが小説に許す形式的可能性の限界を印象づけるものになるんじゃないかという気がしてるんです。そういうことをやるんだったら、例えばウェブ上でやった方が、レイアウトをはじめ、色だとか、動きだとかも含めて、もっとずっと色んなことが出来るんじゃないか、という意味で。だからといって、本が形式的可能性の追求を断念していいとは思いませんけど。

それとはまた、まったく次元の違う話になるんですが、出版社は今、デッドストックも資産として数えられて税金がかかってしまうという状況ですから、売れ残った本は定期的に処分したりしている。でも、それらをデータ化して配信するなら、絶版、断裁の必要はないでしょう、税法上どうなるかはちょっと分かりませんが。例えばですけど、紙で読むことにあえてこだわるなら、簡易製本機のようなものが普及するとか、プリンターがダウンロードした小説を、本らしく綴じられるように両面印刷してくれるといった機能を備えるようになるとかすれば、出版社から直《じか》にデータだけ買って必要な箇所だけ自分で製本して読むという時代もくるのではないかと思うんです。それが、アマゾンで本を買って郵送でモノが届くのを待つという時代の次なのではないでしょうか。

梅田　実は、僕はあまりそう思ってないんです。本が「永遠に不滅」かどうかは難しいけれど、相当長く生き残るメディアだと思います。検索性が大事な、ITの力を借りて読みたい研究書や百科辞典や全集はすぐに紙ではなくデータで読むという方向に向かうでしょう。でもそれ以外の、「最初の一行目から最後の一行まで順に読んでもらいたい」というタイプの本は、今と変わらず残るんじゃないでしょうか。

平野 でも、本に対してフェティシズムがないなら、データのやり取りで十分なんじゃないかと思うんです。

梅田 まず製本過程のようなメカニカルなものの進歩は、純粋なITの進歩と比べて、コストが下がるのにも、小型化するのにも案外時間がかかる。一方、本は便利だし安い。ここが完全に逆転するのはなかなか難しいと思います。

あと僕の個人的経験を言うと、『ウェブ進化論』を書く前の三年間くらいは、モノを書いていく出口として、本ではなくネットに集中していこうという気持ちが強かったんです。ネット上で一生懸命書けば、一日のページビューが五千ぐらいあって、届くべきところには届いているように思ったし、情報もよく伝播し影響力も大きいように思った。僕の今後の文章の発表の場はネットがいちばんだと本気で考えはじめていました。ただ僕自身、本に対する思い入れも強かったので、「よし、最後に一度だけ、ここ数年考えてきたことを一冊の本にする努力を、精一杯してみよう」と思ったんです。そうしたら、思いがけないことが起きた。本の持つパワーに僕はびっくりしたんですよ。ネットでは全く届いていなかった広大な読者空間というものにぶちあたって、その存在の大きさを実感したわけです。ああ、本というのはすごいメディアなんだな、と改めて思いました。人々が本というメディアに慣れ親しんできた経験の蓄積というのは本当に大きいものなんだなと痛感しました。

平野　現状としては、もちろん、そうですけどね。僕自身は、本がなくなってほしいわけじゃなくて、そもそも本に囲まれて育った世代ですから、思い入れもあるんです。でも、先ほどのお話のように、既に大きく変わってきていますよね。今は例えば、良書でも、売れなければ知らないうちにすぐに本が絶版になってしまう。読もうとすると、ネットで古書店を探すか図書館に行ってコピーするかですけれど、そういうロングテールの部分は、グーグルによるスキャニングというのではなくて、販売時に料金を払って一冊丸ごとダウンロード出来るならその方が読者にとって楽だと思うんです。今の電子書籍がなかなか売れないのは、やはり端末が悪いからで、これから可読性が上がってきて、世代が入れ替われば当然読書の方法は変わってくるんじゃないですかね？

僕のイメージでは、あと何十年たっても、紙の本は依然として出版され続ける。だけど、それは、極端に言えば本が出版されたという事実を実体化させる象徴的なモノでしかなくて、他方で、別に装幀はどうでもいいという人は、廉価《れんか》でダウンロードして手に入れようとするのではないかという感じです。

●紙を捨てて端末に？

梅田　確かに、平野さんのイメージはよくわかります。ただ、こういうことを現実的に考えていく際には、関係者全体の経済原理の問題を考える必要があります。CDがレコードに代わって普及したときは、レコードを巡る関係者のほぼ全員に、レコードを捨ててCDに移りたい動機がありました。出版社にあたるレコード会社は、CDにすれば値段を高く設定できるしコストも安くなるからやりたい。さらにミュージシャンもリスナーも、音質が良くなるから、その移行は大歓迎だった。皆がそっちに行きたかったから、すぐに移ったんです。それに比べると、本をなくしてネット上のコンテンツとそのダウンロードに移行していく動機が、関係者のほとんどにありません。

平野　ただ、今はもう、若い子はCDも買わなくなってるでしょう？

梅田　音楽のダウンロード販売とCD販売が共存する形でいくのだと思います。例えば、著作権を無視した破壊的なナップスター(*5)が九〇年代後半に登場したとき、ナップスターで違法コピーする人ばかりになるかと言えば、そういうところまでは普及しなかった。アップルが一曲約一ドルでダウンロードできますという解決策を出して、時間をかけてその方向が一般化してくる。ただレコード会社も、本気でCDをやめて全部ダウンロードへというふうな移行はやろうとしない。

平野　そうでしょうか？

梅田　そうだと思います。それと、音楽に比べて、本には明らかに紙の優位というのがあって、ただのコンテンツではない。本という形にパッケージした時に、紙という材質ゆえの付加価値が生じます。一行目から最後までを順に読んでいきやすいとか、一覧しやすいとか、保存しやすいとか、書き込みがしやすいとか。それでコストが安い。一冊五千円や一万円だったらこの形態で長続きしないと思いますが、今の文庫や新書は五百円から千円の間だし、さらにこれからコストダウンの技術も進みます。と考えると、本という形態はなかなかなくならないと思うんです。ダウンロードしていく方向って、関係者の誰も望んでいない方向だと思うんですよ。

平野　ただ、もっとまともな端末が出来れば、例えば旅行に行くとか、海外に数ヶ月赴任するとかいうときに、端末に十冊分ダウンロードしておいて持って行くなんて使い方は便利なんじゃないですかね。

梅田　そういうことができるようにはなっていくと思いますが、そういう風に本を読む人が大半になるという世界は来ないように思うんです。アメリカのアマゾンがすでに、アマゾンを通して購入した顧客に対してのみ、その本をオンラインで読む権利も提供する「アマゾン・アップグレード」というサービスを始めています。平野さんがさっき「あと何十年たっても、本は出版され続けることは続ける。だけど、それは本が出版されたという事実を実体化させる象徴的なモノでしかなくて、他方で、別に装幀はどうでもいいと言う人はダウンロードして手に入れようとするのではないか」とおっしゃった世界は、この「アマゾン・アップグレード」みたいな世界に収斂していくのではないかと思います。

平野　一度自分で本を買えば、その本を人にあげても、ウェブ上で読めるという仕組みですね？

梅田　とりあえず紙の本で読んで、読み返したい時は「アマゾン・アップグレード」を利用するという人は増えると思います。

平野　僕の感覚としては、順番が逆なんじゃないかと思うんです。ネットでダウンロードして読んで、愛着があったら本を買いたいということではないんですかね？

梅田　それは、アマゾンの「なか見！検索」の機能の背景にある考え方ですね。

●スタンドアローンなメディア

平野　多少こだわりますが、先ほどの音楽のダウンロードは普及したけど、本はそうならないという話ですが、梅田さんがそうおっしゃるのは意外でした。モノに対するフェティシズムって、本よりもレコードの方がはるかに強かったと思うんです。レコードは、ジャケットに対する力の入れようが本と全然違っていて、例えば、ピンク・フロイドの『狂気（ザ・ダークサイド・オヴ・ザ・ムーン）』というと、ヒプノシスのデザインしたプリズムのジャケットがすぐ思い浮かびますけど、三島由紀夫の『仮面の告白』の単行本の装幀なんて、誰も思い浮かばないと思うんです。その魔力は、CDにダウンサイズされて、一旦、削がれたあと、今度はネットで音楽をダウンロードする時代が訪れて、今やジャケットも発売時のプロモーションのアイコン程度の意味しかなくなりつつある。

本の場合、文庫化を待ち望んでいる読者層というのは、読めさえすればいいわけですから、安くダウンロードする道を望むんじゃないかと思うんですが。

梅田　本とCDが一番違うのは、本はプレイヤーがいらないスタンドアローンなメディアだということです。紙という「材質としての価値」がプレイヤーという機能として本に付随しているわけです。CDはプレイヤーがないと何の意味も持たない。電源も必要。この差が結構大きいと思っています。レコードやCDの材質自身には、本における紙のような「材質としての価値」がないから、ジャケットに無理やりカネをかけてきた側面もあると思うんです。

平野　なるほど。その意味では、携帯電話が一つのキーになるかもしれませんね。携帯のディスプレイが変わって、雑誌や新聞が読める程度のモニターが確保されれば、事態は変わってきませんか？　今でも、電車の中で漫画だとか、一部の小説を携帯で読んでいる若い子がいて、ほう、と思うことがありますが。

梅田　携帯電話が身体の一部であるという感覚が生まれるんじゃないかということですね。そうなると、プレイヤーはもう意識しなくなる……。これからの世代において、携帯電話を身体の一部と思えるか思えないかというのは一番大きな分かれ目かもしれません。僕は携帯電話を身体の一部だとは思えない。でも、もうその議論になると、僕が旧世代で平野さんが新世代で、平野さんのおっしゃることのほうが正しいのかもしれません。

平野　まあ、予測の問題ですから結局分からないんですけど、ただ予測の仕方を検証することは有意義ですから。

●ユーチューブの出現

梅田　もしかしたら、平野さんと僕では見ているスパンが違うのかも知れませんね。平野さんは小説家として、次の五十年、小説を書き続けていこうと考えていらっしゃるから、そのスパンでモノを考える。僕は、技術が社会に及ぼすインパクトを現実に即して予測しようという立場を取るから、見える世界は長くて十年から十五年なんです。そのくらいの短期で見たら僕の予想はかなり当たると思うんだけど、その先は分かりません。

平野　今の一般的な本という形態が定着して、それを大量に製造して配布する仕組みって、そんなに長い歴史じゃないでしょう？　僕の思考の根底には、そういうことがあるんだと思います。

梅田　もし活字メディアの電子化が進むとすれば、おそらく雑誌がまず危なくなって、ついで新聞、最後が本という順番でしょう。雑誌が一番厳しいですよ。

平野　ジャーナリズムの必要っていうのはやっぱりあると思うんですけど、ネットがこれだけ普及してるのに、グラフィックな雑誌はともかく、まだ情報誌が新しく創刊されたりしてるのは、不思議に思うんです。だって、今どこか新しいレストランに行きたいと思ったら、やっぱりネットで調べる気がするんですが。

梅田　一覧性とか携帯性とか、やっぱりコンテンツ自身ではなくパッケージ性が重視されているということですよね。

平野　まあ、確かに手軽ではありますしね。やっぱり本も雑誌も非常によく考えられたハードなんですね。

梅田　そう思います。だから、さっきの著作権の問題に戻ると、「読める、読めない」のところに線を引くっていうのではなくて、「読める」というところは両方ＯＫで、パッケージ性のところで線を引くっていうのがこれからの時代だっていうことだと思いますね。

平野　バラバラにアップされたページを自動的に収集して一まとめにして、マンガミーヤ(＊6)みたいな形で読ませるようなソフトとかは、すぐ出てきそうな気もしますけど、技術的にはどうですか？　ＲＳＳリーダー(＊7)みたいに、ページごとに公開された時にそういうものを使ったら、結局全部簡単に手に入ってしまうのではないでしょうか？

梅田　ただ、ネットってやっぱりフロー、フローを求めていく傾向があります。次から次へと新しいものが増殖してくるから、ブログでも過去を遡って読む人はほとんどないでしょう。そうでないと膨大な量ですし、それくらい流動的に、常に前へ、というのがインターネットのメディアとしての性格なんだろうと思います。

平野　それは完璧なストックがあちらにあるという安心感と、自分個人ではストック出来ないというある種の諦念もあり、その両方でフローに流れるんでしょうかね。

梅田　両方の条件が揃ったんでしょうね。そして今、フローで読む、ストックしないものは著作権的に事実上ＯＫという方向も模索され始めています。本でも、書店での立ち読みは一応ＯＫですよね、それと基本的に一緒で、所有していなければよし、という考え方です。

今大流行のユーチューブ(＊8)もそうです。ユーチューブって誰でも自分が持ってる動画像をアップ出来る。それが誰にでも見られるという、それだけのサイトですよ。テレビ局

が著作権侵害だと騒いでいますが、ロジックとしては、ダウンロードボタンがないから
そこで見るだけでしょう、建前上はコピーできませんと。見るだけということは、街頭テレビで見てるのと同じだからという論理がある。しかもユーチューブはフロー中心で、その映像をネットに上げた人が消してしまえば見られなくなって終わり。ただリアルな世界でビデオ等に録画された映像がいくらでもあるわけだから、また上がってくるかもしれないという、これまでとは異質な確率的な空間が作られようとしています。一枚いくらで売っているCDと全く同じものをコピーして所有できるナップスターに比べて、ユーチューブはそこが違うんです。インターネットもコンテンツがものすごく増えてフロー性が上がって、所有しないことに皆慣れてきた。ユーチューブはその流れに乗っかっているわけですね。

ユーチューブの加速感はしかしすごかったですね。二〇〇六年三月くらいからブレークして一気に世界ブランドになったけど、十月にはグーグルが約二千億円で買収しちゃったんだから。

●iPodと狂気

梅田　今してきたような議論というのは、シリコンバレーで新商品の開発の時に必ずやるんですよ。延々と哲学的な議論をして、売れる売れないの判断をする。徹底的に議論をしないと、未来を変えるような大きな商品って出来ないんです。アップルのスティーブ・ジョブズはそういうことの天才で、彼を中心にそんな哲学的な議論が続けられた中から、ｉＰｏｄが生まれたんです。

本の未来は最終的に平野さんのおっしゃるとおりになるのかもしれないけど、そういう未来を作ることに誰がどこまで情熱を持つかという問題が、現実的にはものすごく大きいのです。まず、出版社の人たちが本当にそっちにいきたいのかどうかは疑問ですね。

平野　今のところは大手出版社は全くそう思ってないでしょうね。

梅田　音楽がｉＰｏｄの普及で変わったのは、アップルのスティーブ・ジョブズという人がひとりいたからなんです。彼がいなかったら、今の世界はないんですよ。ｉＰｏｄの前は、先ほども話に出たナップスターで、これは違法だということで、レコード会社総がかりで潰しました。音楽をダウンロードして聴く方向は、ここで一回なくなったんですね。そこでジョブズが登場する。彼の天才性っていうのは、既存の旧勢力たるレコード会社をも説得してしまう能力で、この人が「ｉＰｏｄの世界に向かった方が、誰にとってもいいことがあるよ」と説得して、多くのレコード会社もその方向を受け入れたわけです。

それを本に対してやって、唯一ある種の成功を収めつつあるのが、アマゾンの創業者ジェフ・ベゾスです。(*9) 逆に言えば、ここ十年で、コンテンツ系の大型イノベーションを起こそうとして、既存の勢力の中で満足・安住していた人たちの心を動かしたのは、この二人だけなんです。

平野 なるほど。

梅田 だから、本がダウンロードで読まれるようになるには、ジョブズやベゾスに当たる人が出ないといけない。まだ出ていないだけでいずれ出てくるのかな、という気もするし、あえてそこまでして動く理由がこの世界にはないから今後も出ないのかもしれないな、という感じもするんです。技術そのものが足りないとかそういう問題ではなく、技術に関する感性とプロデューサー能力を併せ持ったカリスマ的なイノベーターが出てくるかどうかが鍵を握ります。

平野 そういう意味では僕の方がオプティミズムですけど、僕は、出てくるだろうなっていう気がするんです。個人的には、僕自身は読書好きだし、本を一頁一頁めくって読むという行為に愛着はありますけど、ただ最近、瀬戸内寂聴さんとお話しして、「紙の本なんてもうすぐなくなるんじゃない？」とおっしゃってるのを聞いて、この世代の人でも、やっぱりそういう予感を抱いてるんだなと妙に生々しく感じたんです。この世代だから、という見方もあるでしょうけど。

梅田　僕はあまりにもテクノロジー・コマーシャリゼーション（技術の商用化）というか、技術の方から世の中を変えることの難しさを知りすぎてしまっているのかもしれませんね。やろうとして出来なかった死屍累々《ししるいるい》を見てきているから。だからこそ、グーグルとアマゾンとアップルは本当にすごいと思います。既存の産業の在り様を技術で変えるには、狂気が必要です。アップルが音楽の世界を変え、アマゾンが本の世界を変え、グーグルが情報や広告の世界を変えようとしているのは実は驚くべきことで、そういうことができる人や企業が出てくるところって、今のところアメリカにしかないんです。グーグルやアップルはシリコンバレー、アマゾンはシアトルですね。

●グーグルは「世界政府」か

平野　『ウェブ進化論』の序章に、グーグルに関して、「世界政府」というかなり奇異な言葉が書かれていましたが、彼らの思想っていうのはどうなんですか。

梅田　本の中で「世界政府」という言葉を使ったことで、やはりずいぶん誤解されたんですよ。「世界政府」って言葉はコントロールを連想させるから。ところが、インターネットって中央に集中した権力はない、というのが成り立ちの思想としてある。インターネットというインフラを誰か一人がコントロールすることはできない。情報は占有じゃなく、全部共有されているからインターネットは動くという仕組みです。さらに分散の思想っていうのが最初からあって、中央集権ではない。もともとアメリカが攻撃された時に、それでも動くネットワークっていう思想で出来ているから、攻撃対象としての中央が存在しないっていうことがものすごく大事なんですよね。

それから、インターネットそのものには石油メジャーのエクソンみたいな会社はない、インターネットメジャーという会社は存在しないんです。どこか一社がインターネットが動く仕組みのカギを握っているというようなことはない。情報が占有されないということで構造としてそういうものができにくい。じゃあインターネットのインフラってエクソンがいない代わりに誰が支えてるの？という問題になりますが、それは実はかなりの部分がボランティアによって実現されている。大学の計算機センターが中継ハブになったり、日本だと慶應の村井純(*10)さんたちが手弁当で日本のインターネットのインフラをずっと広めてきたんです。

インターネットの思想とは、そういうふうにリベラルで開放的ですべてを共有していて中央がないというのがベースにあり、若い人はそれを体で全部知っているという状態なのです。グーグルといえども、そういうインターネットの本質から大きく逸脱しようとすると、コミュニティから袋だたきに遭うでしょう。

平野　そうなんですか。そういう脱中心的な構造は、確かに見事なくらい現代の思潮を反映していますね。

梅田　「世界政府」という言葉とともにそういうことを説明すればよかったんだけど、政府という言葉から「コントロール」を連想して誤解される度合いがこれほど大きいと思っていなかったんです。グーグルは公式に「世界政府」なんて言葉は使っていない。グーグルの連中の中でそういう言葉遣いをする人たちも、人々にあまねく情報を行き渡らせるサービス提供者としての存在という意味で、「政府」という言葉を使う。ただ、いまグーグルは事業があまりにもうまくいきすぎて、情報の層（レイヤー）でのエクソンみたいな支配的な会社になりそうになっていて、グーグルのこれからの在りかたについては、きちんと議論を深めていかなければいけないと思います。
ただグーグルの連中は、歴史とか政治とか、そういう人文系の深いことは何も考えていないんですよ。熱中しているのは数学とITとプログラミング、そして『スター・ウォーズ』が大好き、という感じの若者たちが多いですから。

平野 ほんとですか（笑）？『ブレードランナー』や『マトリックス』じゃなくて、『スター・ウォーズ』ってところがミソですね。

梅田 そうです、まさに恐るべき子供たちですよ。大好きな数学とプログラミング技術を駆使した凄いサービスを開発して、『スター・ウォーズ』の世界をイメージしたりしながら、世界中の情報をあまねくみんなに行き渡らせたいと思っている。だけど、本来そういうサービスを提供すれば、それに反応したときのユーザーの個人情報が戻ってくるわけで、ではそれを使って何か悪さをしようと企んでいるんだろう、とかんぐられるわけですね。ところがグーグルというのは、戻ってきた個人情報を使うという発想が薄いんです。そういう心配をもっと上の世代の人たちはするんだけれど、若い彼らは、戻ってきた個人情報にあんまり興味がない。グーグルってそういう会社だと僕は考えています。俯瞰した情報空間の宇宙の構造みたいなものに強い興味があって、その構造化をもとに一人ひとりのユーザーを便利にしようという発想で動いていて、ユーザーの一人一人がどうかっていうことには、グーグルはあまり興味がない。だから逆に、Eメールに機械的に広告を入れるなんてとんでもない発想が、まったく興味がないからこそ、出てくるんだろうと思う。

平野　コンピュータが検索結果に連動して自動的に広告を入れるという例のあれですね。それは、人間はまったく介在しないんですか？

梅田　もちろんアルゴリズムを作るのは人間ですが、一つひとつのメールに広告が挿入される処理は、プログラムで自動的に行なわれるでしょう。

平野　でも、一般には、やっぱりそこまでは理解されてないから、「プライバシーが」とか、「個人情報が利用されるんじゃないか」とかいう危惧が出てくるわけですね。無理もないとは思いますけど。

梅田　やっぱりグーグルの在り様《よう》ってすごく新しくて、普通の発想ではなかなかわからないんですよ。前に言ったように、創業者の二人は五年間ただただ、史上最大のグラフ構造を計算するという数学的関心に邁進してきた人たちですから。

平野　なるほど、彼らが非常に無垢なのはなんとなくわかった気がしますけど、しかし、無垢な人が作ったものが悪用されるっていうパターンが一番恐ろしいわけですが。

梅田　とんでもないコントロールの可能性を秘めた構築物を、作ろうという意識はなかったけど作ってしまった。そういう認識はあるでしょう。グーグルはマイクロソフトに買収される可能性だってあったわけですが、創業者が議決権十倍の特殊株を持つという異例の株主構造にして、上場しても絶対に買収されないように工夫したんですからね。この自分たちが作った化け物みたいになっちゃった構築物は、自分たちの理念で動かし続けなければならないと彼らが考えているということが、最近になってやっとわかりました。

平野　その点に関しては全然無垢じゃない、ちゃんと意識的だってことですね。まあ、当たり前ですが。

●通過儀礼としての『スター・ウォーズ』

平野　彼らが「政府」や「世界」という言葉を使う時も、実は『スター・ウォーズ』みたいなイメージなんでしょうか？

梅田　そうかもしれません。少なくとも彼らが政府とか言うときのイメージってすごく単純ですよ、そこに人文科学系の深みのようなものはないです。『スター・ウォーズ』といえば、公開される前日は、シリコンバレーのマウンテンビュー市の映画館全部がグーグルの貸し切りだったんですよ。

平野　えっ、そこまで？　社員全員が見るんですか？　みんながその価値観を共有してるんですか？

梅田　「価値観を共有」といえば強すぎるけど、けっこう影響はされていると思う。それは「はてな」の近藤（淳也社長）たちも一緒で、僕は取締役になるための通過儀礼として、『スター・ウォーズ』のＤＶＤを全部見てくれって言われたんですから（笑）。僕はＳＦ少年じゃなかったから全然見てなかったんだけど、我々の議論の中には、必ずアナロジーが出てくるから、一緒に経営をやってく上でこれを全部見てくれないと共通理解が出来ないからと、全部見るように言われたんです。新しい世界へようこそ、って感じで、嬉しかったですけれどね。

平野　僕は、面識はありませんが、近藤さんとは大学が同じで、年齢も同じですが、同世代的な感覚でいうと、『スター・ウォーズ』に熱中してるって、ちょっと珍しい気がしますね。でも、言われてみると、あの広大な宇宙空間を自在に行き来して、その中には異形《いぎょう》の生物だとか、妙な惑星なんかが満ち溢れていて、そこに出会いや発見の驚きがあり、ヨーダみたいなのから知識を得て……というあの映画の風景は、確かにネットの風景と重なり合う感じがします。そこに、ルーク・スカイウォーカーの世界を変えてやろうというピュアな情熱が加わるのかな。

梅田　だからプログラムを作ってる彼らは、自分で新世界の創造に参加してるというか、自分がプログラムを書くことによって小さな奇跡を起こすということのワクワク感の中にいるんでしょう。

今度「はてな」の近藤が、シリコンバレーへ引っ越してきたんですよ。『スター・ウォーズⅢ』を見たのがきっかけで、東京でぬくぬく暮らしていてはいけない、もっと困難に立ち向かわなければって思ったと、ある日社内ブログで書いてきました。シリコンバレーに行って修業をしてパワーをつけて、さらなる成長をと。僕は冗談かと思って、そんな風にアメリカに出て来ても簡単には成功できないし、ロジカルな経営的判断で言ったら、日本のベンチャーの社長が、社員を皆東京に置いてアメリカに修業に来るなんて、あり得ないですよ。最終的には面白そうだから、賛成したんですけどね。

平野　ちょっと驚きますね。

梅田　でも今のインターネットを支えてる若者たちは、結構みんな『スター・ウォーズ』好きだと思いますよ。会話の中で、よく「ダークサイドに堕《お》ちる」「堕ちちゃいけない」なんていう言葉を使っていますしね。会社でもライトセーバー振り回していたり（笑）。

平野　さっきも言いましたけど、同じSFと言っても、『ブレードランナー』とかよりも、確かに圧倒的に壮大な話ですしね、宇宙の果てまでの話だから。『マトリックス』も壮大なようで、意外と小さな世界ですし。

梅田　この間も「はてな」の取締役会で、「梅田さんは最近ブログの更新がない」って吊るし上げに遭ったんです。「本が売れたからじゃないか」と詰問《きつもん》されて、それで僕は、「正直言ってブログを更新する何かいいアイデアが出た時に、更新しようかなって一瞬思うけど、次の本まで取っとこうかなって思ったりするんだよ、だってブログだけで届くものより、リアルの世界ってやっぱりすごいよ」って、あまり深く考えずに口にした瞬間に、「ダークサイドに堕ちてますよ!!」と一斉に言われちゃったんです。そして、「梅田さんはロングテールの頭へ行っちゃったんですね」と。彼らにとってはロングテールの頭っていうのはダークサイドなわけです。そして、ロングテールのほうが正しい。それはもう全部言葉の遊びなんだけど、どこかでそう信じているところもあるんじゃないかと思うんです。

平野　それは面白いですね。冗談だけど半分本気なんでしょう。でも、それがグーグルでも同じだとしたら、彼らに「制御《コントロール》」なんていう思想があるはずがないと、妙な説得力で信じさせられますね。

梅田　そう。僕はそれが言いたかったんです。

●ダークサイドとの対決

平野　でもある意味では、たとえば、僕の世代は団塊ジュニアですけど、父親世代の全共闘の学生運動家たちが国家権力をダークサイドの象徴として戦っていたことの反復のような感じもちょっとしますが。僕の大学時代には、もうそういうイデオロギー的な物語は尽きていたようにみんな感じていたわけですけど、彼らの中には、そういうビジョンがはっきりとあったんですね。

梅田　ネット時代を牽引《けんいん》している若い開発者たちは本当に無邪気だけど、技術だけはすごくて、その技術でいろんなことがどんどん実現されていくからさらに高揚感、万能感が生まれる。だけど思想のところはインターネットの成り立ちの思想みたいなところがベースになっていて、その上で人によっては『スター・ウォーズ』的な物語が動いているっていう感じです。プログラミングおたく的な性質とSFおたく的性質が結びつき、自分が何かをすると世界が変わるっていう創造の喜びが、基本になっているような気がします。

平野　ダークサイド的なものを嫌悪しているのはわかりましたが、それに対して、それこそ全共闘世代にはあったような対決姿勢みたいなものがはっきりとあるんですか？

梅田　対決姿勢はなくはないけれど、それほど強くないように感じています。本当の対決に至れば逃げるのではないかなあ。中国にグーグルが進出した時、言論統制を受け入れたために批判されたのだけれど、もともとは中国の政府が検閲させろと言ってきたわけです。それで、撤退しようか、それとも検索結果表示の制限だけは合意して残りの部分を提供しようか、という二者択一の議論が社内で行なわれ、検閲ずみのサービスを提供するということで、現在に至っている。でも結局中国がさらに強硬になれば、中国から本当に撤退しようということになる可能性だってある。

平野　それはしかし、グーグルの問題と言うより中国の問題ですからね。そういう政策を採っている限り、時代に取り残されるということだと思いますが。ただ、中国だったら逃げ出せますけど、国内的な問題での対応はどうですか？

梅田　アメリカ政府とは今のところ戦ってるけど、やっぱり最後の最後、グーグルアースに映っている軍事施設は消せ、と言われたら消すし、そこにイデオロギーみたいなものはそれほど強く存在しないでしょう。情報を広くあまねく皆に利用可能にするというビジョンを、世の中との軋轢《あつれき》を最小化しつつできる限り実現していくという、プラクティカルな考え方だと思います。いわゆる旧全共闘的な人たちはそこを指して「戦いに腰が入っていない」みたいなことを言うんだけど、そういう過剰反応をする人って、逆にすごく思いの強い古い世代の人が多いんですよ。若い彼らはもう全然違うんだけどね。

●シリコンバレーの共同体意識

梅田　たとえば本当に彼らがどれだけ青臭いかと例を出せば、グーグルでは夏休みにインターンの学生を八週間、世界中から三百人くらい受け入れるんだけど、そのインターン全員にグーグルに関するすべての情報を開示するんですよ。グーグルを構成するシステム全部のソースコード、世の中には秘密で準備しているすべての新しいプロジェクトの存在を見せてしまうんです、八週間後に出て行っちゃう人たちに。もちろんＮＤＡ（秘密保持契約書）にサインはさせますよ。でも他の会社とは情報開示の程度がぜんぜん違う。

平野　ほんとに全部なんですか？　実は隠してるわけでもなく？

梅田　初日にインターン全員が集められて説明があるらしいんです。「理想的には、一流のエンジニアはすべての情報が開示された時に最も正しい判断が出来る。自分たちは君たちを一流のエンジニアだと思って信頼しているから、一流のエンジニアが一流の仕事をするためにすべての情報を開示しましょう。だから当然、それを漏らしたり流されたりしては困る。君たちのことを信じるからね」って、それだけらしい。それでも、インターンたちもやっぱり『スター・ウォーズ』っぽい若者たちが集まってるから、すごく感動している。日本から行ったインターンに聞いたら、日本に帰っても絶対に何も喋れないと言っていました。この世界は、わからない人たちから見ると実にフワフワしたものを前提に動いているところがあるんです。

平野　でも、そこにお金が絡んだりしたときには変わりませんか？

梅田　大金を積まれたら……というようなことですね。普通の感覚では理解できないかもしれないけれど、それはちょっと考えにくいんですね。そんなはずはないだろうと、アメリカでも日本でもよく訊かれるんですけどね。

平野　僕は凡人だから、つい、人間って、そんなにいい人たちばっかりだろうかと考えてしまいますが（笑）。

梅田　要するに、いい悪いじゃないんですね。好きで好きで仕方ないことを続けられるその世界を守りたいから、そうなっているんじゃないかな。

平野　共同体意識があるんですかね、会社が違っても、その世界に属しているというような。

梅田　シリコンバレーでは、夫婦共にエンジニアで共働きというケースもけっこうあって、旦那はグーグル、奥さんはヤフーなんて例もけっこうある。転職も激しい。だから機密漏洩に関連して、何をやってよくて何をやっていけないかについての経験も蓄積されている、というのはまず前提にあります。

それと共同体意識は強いですね。グーグルは株式公開とその後の株価急騰で、社員の中に億万長者が多数出たのですが、離職率が異常に低いんです。カネを持っても全く同じような暮らしを続けている連中がものすごく多い。他のシリコンバレーの企業に比べても、ちょっと異質ですね。その世界に属している、っていま平野さんがおっしゃったけれど、その価値をすごく大切にしている気がしますね。

あと余談ですが、「はてな」の近藤は、やってることを基本的にあれこれと外に向けて喋りながら会社経営するんですよ。すべてをオープンにする彼の理論っていうのは、本当に正しいのかどうか分からないのだけど、ユーザーのために会社は存在してるわけだから、会社って本来、別に隠し事する必要は全然ないんじゃないかという発想からスタートしている。もちろん現実には隠していることはあります。でもたとえばサービス開発に関する意思決定の社内の会議とかも公開してるんですよ。ユーザーから例えばこのシステムをこう直せとか、いろいろ要望が来ると、それについて、俺たちは直さないぞとか、これは直すのでご意見ありがとうとか、それは全部ブロードキャストされているんです。

平野　近藤さんの発想は、やっぱりウェブ進化と関係あるんでしょうか。

梅田　すごくあります。たとえば彼はオープンソースという思想とその成果に、心から感謝感激している。大した資本もなしに会社を作ることができて、オープンソースがなかったら、自分は起業出来なかったと言っていますね。オープンソース界の重鎮が日本にやってきてイベントがあるとなったら、近藤を先頭に、平日だって「はてな」の社員総出で、その手伝いに行きますからね。

平野　これだけの利益をオープンソースから得ている以上、社会にそれ以上の還元をしなければならないというか、返さなきゃいけないという義務感とか使命感があるんでしょうか。

梅田　使命感というほど強いものかどうかはわからない。でもそれに近い感覚はあるでしょうね。だけど返すといっても、原則としてそれは情報の世界だから、何か自分が作ったものをネット上のオープンソース世界に返せば、全部無償の空間で次々と価値が連鎖していって、社会への還元と言っても、あっという間にそれが出来てしまったりする。

●オープンソース思想とは

平野　オープンソースに参加してる人たちのモチベーションってどうなんでしょうか。あえて言えばですが、例えばプラモデルの名人みたいな人がいて、一般社会では誰も彼の能力を正当に評価してくれないけど、その世界ではものすごい作品を作って雑誌なんかで評価されている、というような人は昔からいて、そうしたことの延長として考えればいいのか、あるいは、さきほどからのエンジニアのナイーブさという話からすれば、そうした名誉とは別に、それが社会貢献であることにやりがいを感じているのか。ただ、彼らの社会貢献が社会に還元される過程では、それをどこかの会社が利用するわけですから、利益を得る人たちはいるわけですが。リナックスの場合、そのオープンソースによってつくられたものを販売しようとするような会社はないんですか？

梅田　リナックスのビジネスという意味では、ソフトそのものは無償だからそれを販売はできないので、ソフトのメンテナンスや、アフターケアで面倒を見るというサービスでお金を取るビジネスがあります。ただ、オープンソースという現象のインパクト全体に比べると、その領域でのビジネスボリュームは相対的にものすごく小さいんですよ。

平野　そこでビジネスが起こってしまうのであれば、彼らの無償の社会貢献は、一種の幻想のようなものになってしまって、要するにうまく利用されている、という見方もできると思いますが。

梅田　はい。僕も同じようなことを考えて、「オープンソースに失望した」と二〇〇一年に書いているんです。ネットバブルの時にオープンソース・ベンチャーでぼろ儲けした人たちがいて、そこにオープンソース開発者たちが取り込まれた姿を見て、僕はもう資本主義に飲み込まれたオープンソースには失望したぞ、と思ったんですね。そう書いたことにずっと責任を感じつつ、オープンソースのことを見続けてきたけど、実はそうではなかった、もっと大きなうねりとして、その思想は結実していっていると、いまは考えています。

平野　ただ、結局グーグルみたいな会社が成立したのは、一つにそのおかげがあるわけでしょう？　そして、グーグルも、理念はともかく、ボランティアではなくて営利団体であって、収益はあるわけですけど、それはオープンソースのプログラマーには金銭的には還元されない。僕は古い特許権のような感覚で喋っているのだと思いますが、そうすると、彼らは、自分たちは無償で人類に貢献してるつもりだし、実際に貢献しているとは思いますが、結局その途中で儲けてる人たちのそうしたフィクションにうまく乗せられて搾取《さくしゅ》されている、ということにはならないんですかね？

梅田　そういう見方を否定はしません。事実、「オープンソース世界への還元がたりない」というグーグルへの批判というのは根強くあり、今後、グーグルが商用に開発したシステムの重要な要素が、オープンソースになって社会還元してくる可能性は高いと思います。

ただ、オープンソースが世の中に与えているインパクトの大きさに比べると、そこから金を儲けてる人の全体のボリュームっていうのは明らかに小さい。たとえば、オープンソース・ベンチャーはもっと儲かるはずのものだと思ってどんどんお金をつぎこんでる人もいるけれど、そこが本質ではない。あれこれ考えても、オープンソースに関しては、トータルにみて、やっぱり資本主義には飲み込まれてない。五年前は飲み込まれたと感じたけど、今は考えが変わっています。

平野　そうですか。僕にはまだちょっと見えにくい世界ですけど、そうだとすれば興味深いですね。資本主義が飲み込みきれないものがあるわけですね。

梅田　オープンソースが生まれた時、そうは言っても開発者たちは自分たちにとって面白いことしかしないんでしょうって、言われていたんです。例えばバグが出てしまったのを直すというようなつらいことはきっと、誰もしないよと。だから大企業の基幹系システムの根幹にはオープンソースは使えないと言われていました。ところが、企業の強制力によって雇用者たるプログラマーにバグを直させるスピードより、リナックスで自発的にバグが取れるスピードのほうがうんと速いんです。

平野　それに取り組むモチベーションが変わったってことでしょうか？

梅田　いや、変わったというより、参加者の絶対数が増えて、多様な価値観を持つ人々の集合体に進化してきたのだと思います。
そもそも普通の経済の世界では、人に何かをさせるっていうことの道具が二種類あって、一つは雇用で、もう一つは、市場または取引ですよ。そこに金が介在する。でもオープンソースの世界には「君、このバグ直しなさい」っていうメカニズムがない。人に何かを強制する道具立てがない。「こういうバグが出たときには、あなたが直すんだよ」っていう取り決めすらないんです。だから誰が直すか決まっていない。だけど、「ここでバグが出たよ」ということが情報として共有されると、あっという間に誰かが直している。
平野　それはやっぱり、誰が直すのかっていう競争原理があるんでしょうね？
梅田　コミュニティ内での称賛を巡っての競争、という側面はあるでしょうね。
平野　名声っていうのが量的なもので、名誉はそれに対して質的なものだとすると、彼らはある意味、名誉を求めているのかもしれませんね。これは、公的領域の特徴でもあるんですが。社会一般にわかってもらいたいんじゃなくて、わかる人にわかってもらいたいってことなんですかね。あとはそこに、人類に貢献しているという、もうちょっと大きなものがプラスアルファとして加わっているかどうかということですが。

梅田　人類への貢献という考えはあまりないかもしれませんね。「面白い」「偉い」「すごい」と言われること、つまり仲間内の賞賛と、ベースには、自分たちは正しいことをやっている、大きな流れの中でダークサイドに堕ちてない、というようなことが、彼らにとっては大事なんだろうと感じます。そんな気持ちを持っている人が、トータルで今三百万人ぐらい世界にいて、彼らの共有の価値観ってやっぱりあるんですよね。「オープンソース思想」というようなものがあって、それが僕にも相変わらず謎なのですが、やっぱりそこに、エッジが立った何か新しいある種の思想を体現した人間が登場したのではないか、ということを感じているんです。

＊1　横軸に商材を人気順に並べ、縦軸に需要の大きさをとると、グラフの形状は長い尾（ロングテール）を持った恐竜のようになる。その「長い尾」部分にビジネスチャンスをとらえる考え方。

＊2　グーグルがさまざまな大学図書館と提携し、過去の書物のすべてをスキャンし、検索によって誰もが自由に無償で過去の書物を閲覧できるようにするサービス。
＊3　二〇〇三年講談社刊。短篇集。
＊4　二〇〇四年文藝春秋刊。短篇集。
＊5　ネットを通じて個人間で音楽データの交換を行なう、20世紀末に一世を風靡《ふうび》したサービス。違法認定によりサービスは停止された。
＊6　画像の見開き、単ページ閲覧などができ、漫画や雑誌を読む際に便利な多機能画像ビューア。現在は非公開。
＊7　ニュースサイトやブログなどのウェブサイトの更新情報を要約したコンテンツ（Rich Site Summary）をネット上から自動的に取得して読むためのソフトまたはサービス。
＊8　動画投稿サイト。ユーザーがビデオ映像を自由に投稿し、ネット上に発信できる無料サービスである。二〇〇五年設立。〇六年十月、グーグルが買収。
＊9　アマゾン・ドット・コムの創設者にして社長、最高経営責任者、取締役会長。
＊10　慶應義塾大学環境情報学部教授。日本におけるインターネット黎明期からインターネットの技術基盤作りに貢献した先駆者。

第四章　人間はどう「進化」するのか

●ブログで自分を発見する

平野　少しまた、ウェブ人間論に話を戻したいのですが、梅田さんは、ウェブ進化の中で具体的にどのように人間が変わってきていると感じてますか？

梅田　ブログを書くということがつい最近始まったわけですが、不特定多数に向けて何かを表現することがきっかけになって、人間が変容していくということがあると思うんです。たとえばブログではプロフィールを求められますね。自分の特徴、自分の趣味や好きなものを考えたり、自分をアイデンティファイする必要に迫られる。そこを強く確認することから、何かが変わり始める予感があります。

平野　確かに、ブログが登場するまで、みんな自分の好きな食べ物とか、好きな音楽だとかを言葉に書いて一覧にする、というようなことはしませんでしたからね。自意識の持ち方は確実に変わってきているでしょうね。

梅田　ブログを書き始めたとき、自分はいったい何が好きなんだろう、何についてなら毎日書けるんだろう、ということをずいぶん考えました。僕の場合、趣味は何ですか、みたいな質問にちょっと前まで即座に答えられなかったんです。でもブログを書き始めて、専門以外のことだと、読書と将棋とメジャーリーグのことなら、読んだり書いたりいろいろできるなと。それに続くものとしては、欧州への旅と美術館めぐりかな、とか。でもその中でもやっぱり読書だな、読んだ本の一部を抜き書きしたりするのって本当に幸せな時間だなとか、そんなことに思い至るようになった。それは大げさな言い方をすれば、自分で自分を発見したということだったんですよ。

ただ、自分が好きなことはこれとこれなんだってある時わかって、そう決めてしまうと、それ以外のことを遮断する方向に働いてしまうのも事実なんですね。好きなことだけをしている方が心地よいから。しかも同じ関心を持つ人とつながっていくし。それで好きなことを一生懸命やって、専門とか自分の好きなことの中に閉じこもっていると、オタク化していく。ネットはそういう傾向を増幅するから、ネットの中で自分がやっていることの領域が、ひとつの「島宇宙」化していくわけです。でも、この状況を、自分としては結構いいなと思っているんですよ。肯定していいんじゃないかと。

平野　僕は、基本的にはよく分かるんですね。公的領域の話のところでも言いましたけど、アイデンティティ・クライシスっていうのは、現代人の誰もが経験していることですし、自分がどんな人間なのか、ということを具体的な手応えのある形で実感して、残したいというのは、もっともなことだと思うんですよ。その時に、何かをして、世界に自分の影響を及ぼそうとするのか、あるいは言葉として自分を記録するのか、というのがあると思いますが。ただ、言葉というのは、梅田さんも今言われたように、僕もいつも感じるのですが、それを使ってしか自分を表現できないわけですけど、そのせいで自分が規定されてしまうというジレンマが必ずあるように思います。俺は肉が好きだ、と宣言すると、本当は魚もちょっと好きで、野菜ばっかり食べたいときもあるというような微妙な揺らぎがみんな押しつぶされてしまう。ブログの世界では特に長たらしい言葉が好まれないという雰囲気がありますし。些細な例ですけど、そういうことが何に対してもあるわけですね。言葉による自己類型化には、安堵感と窮屈さとの両方がある。だからこそ、みんなそれを頻繁に更新するんでしょうが。

なんでそんなことを言うかっていうと、島宇宙の話とはちょっとズレますけど、コミュニケーション型じゃない、独り語り型のブログって、他者の存在を切断した、一種の真空状態で紡《つむ》ぎ出される言葉でしょう？　リアル世界では、他者の思惑に翻弄されて、自分の言いたいことがうまく言えない、あるいは場の雰囲気で喋らされているようなところがある、だから、独りになったときに吐き出す言葉こそが本当の自分なんだっていうのは、分かるんですけど、正しくないと思うんです、やっぱり。ある人がどんな人かっていうのは、結局、他者とのコミュニケーションの中でどういう言動が出来るかということにかかっている。誰もいない場所であれば、どんなことでも言えるけれど、そういう人間は、ネット上で一見言葉によって実在しているように見えて、本当はどこにも存在してないんでしょう。それが自分だというのは、一種の錯覚的な確信であるにも拘《かか》わらず、それに規定されてしまう。それで、他者の異質な言葉を受け容れることに、アイデンティティの一角を切り崩されるような、ヒリヒリするような感じを覚えて、過剰に反応するとか、あるいは逆に他者の存在そのものを遠ざけてしまう。それはリアル世界から引き籠もってしまう狭い場所にもなり得るんじゃないですかね？

梅田　そういう面はたしかにあるんだけれど、島宇宙化していっても、ネット上でのオープンソースが一つの例ですし、それから趣味の世界でも、深まっていく創造の喜びをネット上で追求出来ますよ。

●「島宇宙」化していく

平野　そう、それで島宇宙なんですが、創造の喜びと今言われたのは、非常に大きなことだと思います。それは確かに、アイデンティティの支えになるでしょうね。他方で、趣味の島宇宙的なコミュニティに属するというのは、僕は基本的には微笑ましいことだと思いますけど、そこで得られる同じ島宇宙の住人からの承認っていうのは、なんていうか、見て見ぬような感じだと思うんです。僕は例えば音楽が好きで、同じ音楽が好きな人と会えば、音楽談義で盛り上がるし、楽しいけど、お互いに相手の人格を承認し合ってるわけじゃない。単に音楽好きだと思っているくらいでしょう。それでも会って喋っていると、そこを突破口にして相手のもうちょっと深いところに手が届きそうな感触もありますけど、それがネット上のやりとりだけの場合はどうなのかな、と。そうして認められることに他者からの人格的な承認の幻想を託して、現実は結局何も変わらないまま放置されているという状態が、個人にとって本当に幸せなのかなと。

梅田　うーん。ネットとリアルをそこまで区別しなくてもいいと思うんだけれど……。じゃあたとえば、リアル世界の現実は何も変えないかもしれないけど、ネットの世界で補う、っていうのはどうですか。

平野　補うというのは、確かにあります。それは、リアル世界がうまくいってて、プラスアルファで、ネットの世界でも、例えば音楽好きとして認知されているという感じですね。僕が例に挙げていたのは、音楽好きというのがアイデンティティの支えになっているようなタイプですね。そこを拠り所にして、現実を見ないようにするというか、やり過ごすというか。

梅田　「リアルの世界って生きにくいな、こんなところでサバイブしていかなきゃいけないんだな、じゃあ仕方ないから生きるために知恵を身につけなくちゃ」と何とかやり過ごすことって、生きていくうえで重要なことなんじゃないのかな。

平野　現実は現実として割り切って、あとは趣味の世界ということですかね、それは？

梅田　ネット繋がりで違う道が開けるとか、ネットで知り合った人たちと一緒に何か仕事をするとか、そういうようなことも起こってるから、趣味というとちょっと議論が矮《わい》小化《しょうか》してしまう気がします。ある人が、仕事の時間も含めて心地よく生きられるコミュニティを発見して、そこで長い時間過ごすことって、幸福という観点からとても大切だと思うんです。

平野　分かります。仕事の話まで行くと、僕が島宇宙という言葉で考えていたより、もっと先に行く感じがします。僕はもう少し趣味的なものとしてその言葉を理解していましたから。

現実的な知恵という意味では、たとえ趣味であろうと、それで現実を「やり過ごす」というのは、一番有効だと思うんですね。僕だって、けっこうそうでしょうし、友達から相談されても、優しくそういう態度を理解してやると思います。ただ、そういう個人の生活の実践的な知恵と同時に、どうしても社会全体の理念的なところにも考えが行ってしまうんですね。その意味では、僕の考えも一種のダブル・スタンダードに陥ってしまってるんでしょう。特に、今の世の中は、他者に対して極端に無関心だし、不寛容になってしまっている。そうした時に、島宇宙的な世界に属していることの安住感というのは、その外側を存在させなくなってしまうんじゃないか。僕はやっぱり、現実が嫌な時には、改善する努力をすべきじゃないかと思いますけど。

梅田　努力して、自分に適した場所に移るということですよ。ネットの情報がそのきっかけになるということかもしれないでしょう。それはいけませんか？

平野　合わないから移る、というのはいいと思いますけど、変えるべき現状があって変えないというのはどうですか？　これは、政治の問題まで含めてのことですが。

●ネットで居場所が見つかる

梅田　人間って自分に適した場所で生きる方がハッピーだと思うから、僕は日本を離れてアメリカに住んでいる。これからどんどんネット空間、リアル空間がミックスした一つのものになれば時空を超えることが出来るから、リアルの重みが減ってくる。ネットという新しい道具を使って自分の居場所を探すんですよ。それはオープンソースのプロジェクトの中であったり、ネット上の趣味のコミュニティだったり、ブログだったり。そこで出会って、あ、こんな世界があるんだって感じて、必要なことを勉強して次のところへ向かえばいいんじゃないかと考えているんです。

たまたまリアル世界で充実していて幸福な人はいいですよ。でもそうでない環境にいたら、そこに留まっていてはいけない。新しい情報によって動いて、行動して、自分の居場所を見つけていく人だけが幸せに生きることが出来る。だってネットは、働きかけれぱいろんなことが返ってきて、それによって変化出来るんですから。
新しい時代を生き抜く哲学なのか、生き方なのか、まだわかりませんが、ネット世界の存在を含めた新しい環境下では、平野さんが仰《おつしや》るところの、「リアルの現状を改善する方向へ努力しなさい」というテーゼより、「今の環境が悪いんだったら、他の合う環境を探して、そちらへ移れ」という方が時代に合った哲学のような気がしています。

平野 よく分かりますし、まさしくそれは一つの哲学でしょうね。僕が言いたかったのは、そうした個人主義を超えたような、例えば政治だとか社会問題のような大きな話とか、あるいは逆に「怠惰」とも言い切れないような一種の拘束、たとえば、家を買っちゃってもう引っ越せないとか、無理じゃないかもしれないけど、非常に困難というのはあるわけで、そうした中でのふるまいの話のつもりだったんです。もちろん環境を変えるってことには反対じゃないんですけど、例えば親子関係とかからは逃げられないでしょう？

梅田 でもある年齢になれば、ある程度逃げていくことだってできるでしょう。そこは自分で選択していけばいいんじゃないかな。僕の場合、時間の制約ということを痛烈に意識しはじめた四、五年前から、付き合いたくない人とは付き合わないということを最優先事項にして生きようと明示的に決めました。そういう生活を指向すれば、会社は必要以上に大きくしないとか、顧客を選ぶときの考え方とか、いろんな具体的な施策につながっていきます。最近、ようやくそういうことが、快適に出来てきたなという感じがしています。そもそも人間は、そんなにたくさんの人と付き合えないでしょう。一番ちゃんと付き合えるのは五十人位かな、それから何年に一回会うとか、メールのやり取りをするのは五百人でしょうか。そういう人たちの選択を、自分でなるべく心地よいものに組みかえていこうと努力しています。そうでない他者との軋轢《あつれき》ある関わりって、確かに自分を成長させる部分があるけど、でも嫌なことでストレスをためてしまうよりは、避けていきたいと思うようになりました。そんな生き方にもちろん問題があることは確かです。でもプラスマイナスをトータルで考えれば、それほど悪いことではないんじゃないかなと思っています。ネットの世界というのは、そういう生き方の可能性をぐっと押し広げてくれる。

●頭はどんどん良くなる

梅田　実はこの間、将棋の羽生善治さんと話してて、「僕はもう四十五歳で、既にピークを越しているかもしれないって思ってたけれど、最近はこれからもっと頭がよくなっていくかもしれないなって思う時があるんですよ」って話したんです。そしたら彼は、「だってインプットの質がよくなったんだから、当たり前じゃないですか」っていきなり言うんですよ。確かにネットの中に住むようになってから、それこそ物理的には一人でいるんですけど、ネットの向こうの人たちとの偶発的な出会いがある環境の中に身を浸しながら、読んだり、考えたり、書いたりしてるという時間がすごく長くなったんですね。ネットにつながらない状態で一人で、「よし、朝から十時間勉強して読んで書こう」なんていっても、途中で飽きちゃうんだけど、ネットでつながっているといろんな刺激があるから、気がつくと八時間経っていて、昔よりもずいぶん脳みそを使ってるわけです。

羽生さんに言わせると、将棋の場合でも、とにかく情報量が圧倒的になっているということなんです。彼の仮説は、「情報の量がいずれ必ず質に転化する」ということらしいんです。シャワーのように情報を浴びて刺激を受けていて、しかもインプットの質が圧倒的によくなっている。「だから頭がよくなるに決まってるじゃない」って、彼に言われてしまいました。

平野　インプットの、それは量じゃなくて、質というわけですね。

梅田　量が質に転化するというのが、彼のテーゼなんです。

平野　僕はそういう意味では古い人間かもしれないけど、ネットに費やす時間が圧倒的に増えても、やっぱり考える時間は考える時間で必要だと思ってるんです。小説を書くときに限らなくても、着想の段階とか、自分が何か考えたことについて確認する時とかにネットが役に立ったりするんですけど、着想を得た後はやっぱり自力で考える時間が必要ですね。それにやっぱり、ネットで十万字哲学について読むのと、哲学書の原書を一冊読むのとでは全然違うと思う。ネットでは物知りにはなるし、今度あの本を読んでみようとかという情報は確かにたくさん得られるんですけど、その先はまたちょっと別というか。

梅田　僕はもう少しポジティブに見てるんです。この数年、インターネットの普及によって、誰にとっても読んで書いてということの総量が増えていますよね。そのこと自体やはり、考えてるということじゃないでしょうか。そこから受ける刺激というのもありますし。それに、人によりますが普通は本をそんなに長い時間は読めないです。一冊の本をじっくり三時間読んだ方がいいかなとも思うんですが、実はその習慣って結構きつくて、朝起きてさあ難しい本に取り組もうっていっても、なかなかうまくいかない。それよりネットという習慣性があって、単位時間当たりの価値は少し低いかもしれないけど、大きな魅力がある世界に身を浸せば長い時間過ごしていられるし、トータルでいくと頭を使ってる時間は結構長いという印象があります。

平野　どうですかね、僕は、ネットで何時間も費やした後って、本を何時間も読んだ後みたいな充実感はイマイチないですけど、これもまだ、ネットを通じてものを考えるという習慣に僕が適応してないだけかもしれない。ただ、それでも確かに時間はあっという間に経っていきますね。これは、不思議なくらい事実です。

ネットには何故飽きないかというと、自分で情報を取捨選択してるからなんでしょう。本は、面白くない箇所もありますから、途中でイヤになることもあるけれど、実はそここそが、肝《きも》だったりする。良くも悪くも、情報をリニアな流れの中で摂取するしかない。ネットはどうしても、面白いところだけをパパッと見ていく感じでしょう？　それで確かに、刺激はありますけど、なんとなく血肉になりきれない感じというか。僕の関心が、どちらかというと人文系のものに偏っているからかもしれませんが、今のところは、紹介程度のものとして読んでいる感じがまだありますね。

梅田　あとは同時代への興味ということでしょうか。僕はどうしても、同時代と近未来に興味があるから、今ここで起きていることにすごく興味がある。だから、ネットを重視します。ただもちろん、本の世界とネットの世界って両立していて、ネットでは不十分だなと思う部分は本で補完してということをやっていますけれど。

平野　それが理想だと思いますね、僕も。情報とは何か、ということなんですね、つまり。梅田さんがご自身の本についておっしゃった通り、情報を構造化して、世界観として提出するためには本の方が向いているんでしょう。それでも、リアルタイムに世の中の動きを知るためには、断然ネットの情報の方が優れてますし。

●情報は「流しそうめん」に

平野　今はそういう意味では、「教養」と言われるものの形も変わってきている気がします。その言葉がまだ有効かどうかも問題ですけど。例えば読書体験にしても、かつてはある本に辿り着くまでには、ある一定の読書経験というものがあったはずなんですね。大体、どういう本を読んでいるかを聞けば、その人の読書体験がどんなもので、どんなことを考えているかが分かる、というのが昔でしたけど、今は脈絡がないんですね。昔は例えば、さっきのアレントを読むには、そもそもそんな人の本に関心を持つようになるまでの道筋みたいなものがあって、それを辿った挙げ句に、ああ、こんな人がいるんだ、じゃあ、この人の本を読んでみよう、というのがあった。その道筋は、同時に、アレントを読むための準備になっていたと思うんですよ。それが、今はアマゾンの紹介を通じて、そういう過程を経ずに一気にアレントにジャンプできちゃう。その両者の意味は全然違うと思いますけど、あえてどちらが良いとは言えない気もしますね。前者の方が内容は深く理解できますけど、当たり前の読み方しかできないのかもしれないし、読んでる本のラインナップも偏ってくるのかもしれない。そういう意味では、善い悪いは別として、要するに、教養のありかたが変わっている、ということなんだと思います。

梅田　今の十代、二十代の人たちに「教養とはこうあるべき」なんて言っても届かないでしょう。たとえば、彼らの情報処理の仕方って、「流しそうめん」みたいなんですよ。要するに貧しい時代って、そうめんが上から流れてきたら、食べ物は圧倒的に貴重だから、とりあえず食べる量を確保してそれから食べる。流れていっちゃったそうめんも、まとめて後から皆で分けて残さず食べる。ところが若い人たちの情報への感覚は、そうめんはずっと流れてるんだから、ちょっと食べたいなと思った時に取ればいい。それ以外は、流れて行くままに放置して、どんどん捨てていくという感じです。

平野　確かに人類の歴史上、個人の手許にある情報がこんなに膨大だったことはないですからね。

梅田　そう、何かをダウンロードするとか、このPCの中に入れなきゃとかいう感覚も、薄れていきます。テレビの番組も最近はユーチューブがあるから、例えば九時からの番組が、コピーをされて十時頃にはネットに上がる。だけど違法だから、怒られる前に消してしまって、十一時にはもう見られない、みたいなことも起きる。中でも、ロングテールの頭の方のみんなが見る番組は、怒られそうだからすぐ消えるけれど、しっぽの方は三、四日残ってたりするんですね。今は無制限に世界中のコンテンツがユーチューブに上がってきている状態ですから、若い人の中にはもうHDDレコーダーを買わないと言う人もいる。何だって、見逃しても大丈夫だから。なければないでまあいいや、そのうちまた上がるかもしれないねという感覚で、留まっていないで常にどんどん先に行く、そんな感じです。ありとあらゆる情報がネットには流れているんだから、必要に応じてグーグル行くとか、ユーチューブ行けばいいということで、自分のところへわざわざ持たない、私有しない。これからさらに、情報との接し方が、まったく変わっていくでしょうね。

平野　ただ実際のところ何か物を考えようと思ったら、まずその元となるような知識、要するに記憶があって、それに従って考えるしかないわけですよね。そうした時に、改めてそれを確認するような映像なり情報なりがいつ消えるか分からない不安定な状態よりも、手元にあった方がいいと僕なんかは思うんですけど。

梅田　「確率的に存在する」ということで良しとするという考え方なんだろうと思います。ところで記憶について言えば、外部記憶というのと、頭の中に入ってる記憶って、明らかに役割が違いますね。頭の中の記憶と外部記憶のそれぞれに、何を持ち何を持たずともいいと思うか。そのことについてどういう感覚を若者たちが持つようになるのか、少なくとも僕らの感覚とは全然違っているだろう、ということしかわからないですね。

平野　外部記憶はその都度検索すればいいということですか。でも教養って、要するに記憶の部分でしょう。内部記憶に何を入れて、どう組織化するかという問題ですね。人間の頭に入りきれない記憶の容量の大部分がネットの世界にあるというのは、確かにそうだと思うんです。ものを考えるときに、その脳内記憶にアクセスするか、外部記憶にアクセスするかということなんでしょうね。

●ウェブ時代の教養とは

梅田　結局、その内部記憶のところをどう構成するか、頭の中に何をインプットするかということに行き着きますね。「教養って何？」という問いの答えは、やっぱり若い時に身につけるべき記憶とその処理をめぐる力ということで、人脈だろうが、情報だろうが、そういうものはネット上で全員にほぼ共通に開かれていて、それらを、若い時に身につけた「教養」という力で情報処理する仕方で、個人差が決まってくる。

平野　ネットを通じて知り合うにしても、リアル世界で知り合うにしても、しゃべった時の感じで必ずしも物知りじゃないけど、「あ、こいつ頭いいな」って人は確かにいますね。

梅田　そういう雰囲気を出すもとになっている力が、教養の核ということになる？

平野　それを換言すると、「環境」ということになるんですかね。フランスの社会学者のピエール・ブルデュー(＊1)が、「ハビトゥス」という概念を『資本主義のハビトゥス』で出していますが、ある社会環境の中、例えば上流階級の人たちは、子供の時からオペラを何回見ているか、もっと下のクラスの人たちはオペラを何回見たか、動物園に何回行ったことがあるかというのを、具体的な数字で調査すると、結局「階級」が再生産されていくのは、そういう環境にまつわるハビトゥス（習慣）のせいが大きいんだと言っているんです。ネットはそうしたハビトゥスの拘束からの解放をもたらすでしょうけど、ネットの中の多様な社会のどういう環境に個人が進んで身を置くかということにリアル世界のそもそもの環境が影響するのであれば、その格差を助長する傾向も見られるかもしれません。

梅田　個人にとって、ネットはとんでもない能力を持った道具です。それが全員にあまねく広がったからよいという考えもあるけど、能力の増幅器でもあるから、個人の能力の差異が限りなく増幅されるという側面もう一方である。ものすごく積極的に利用する人はどこまでも行けるんだけど、怠け癖がついてて勉強する気がなく、積極的に人間関係を作らない態度である年齢まで来ちゃった人は、ネットの可能性を全然活用できないから、同世代の人たちとの差がものすごく広がる。その差を突き詰めて、じゃあその核になるものを教養ということにすると、その格差はやはり結構怖いですね。ただ、その怖さゆえに、ネットの可能性から目を背《そむ》けるのは本末転倒だといつも思います。格差を助長するから上を伸ばさない、という発想じゃあもうやっていけないでしょう。「上を伸ばす」必要性って、日本で考えられている以上に大切だと思うから。

平野　そうした時に、「教養」というようなものを形成していく核になるものって何でしょうかね？　例えば子供が生まれたら、何をさせるか。ネットからはいるのか、本からはいるのか。梅田さんにとっての両者は、基本的には役割が違うというお話でしたが。

梅田　そう、役割の違いです。それは物語であれ、哲学書であれ、評論であれ、構造化がしっかりとなされたものを、一ページ目から二百ページまでをずっと順に読んでいくということに子供の頃からやっぱり親しむ、そういう習慣をつけるということの重要性は絶対になくならないですよね。それが身についていたら、ネットで物足りなくなれば、本へ戻ってくるはずですからね。

平野　それが世代的な問題になるのかどうかわからないんですけど、今はネットしかしない人も結構いますよね。

梅田　本も全く読まないでテレビばかり見ているという状態と、ネットを少しやるという人の比較で見るべきではないでしょうか。テレビを見ている時間が少しネットに移ったという感じでどうですか？

平野　それは確かにそうですね。まあ、余暇の時間というのは限られていて、それを多方向から食い合っている状況ですし。

梅田　もちろん、「教養」の核になる、読み、書き、考える力を身につけさせてくれるのは、ネットよりも、思考がしっかりと構造化された本だと思いますよ。

平野　今は書くことはカジュアルになって、小説は一冊も読んだことないけど小説書きたいとかいう人が増えてきてるんですね。実際、ブログなんかでもみんな手軽に書くし。

梅田　僕はいいことだと思う。それは書くって能力が上がると思うけど。

平野　僕も、飛躍的に文章を書く力は上がっていると思います。ただ、個人の日記とは違って、他の人の小説をまったく読まなくっても小説が書けるという感覚は、僕はちょっとピンと来ないですけど。

梅田　ただ、書いたものが受け入れられるかどうかというところで、結局みんな壁に当たるでしょう。やはり壁を超えられる人は、本をたくさん読んでる人ではないでしょうか。

平野　要するに、そういうことでしょうね。自分の言葉が通じるかどうかというのは、一番大きな壁ですね。

●魅力ある人間とは

梅田　ネットが大きく増幅できるのは知能や情報の部分です。だからこそ逆に、人の魅力が何から来るかということを考えることが、結構大事なことだと思う。男女の関係でも、頭がいい人が必ずしもモテるわけじゃない。すごく違う軸で人間の魅力というものがある。その魅力の源泉の一つに、さっきの教養の核というか広義の頭の良さがありますが、そこに体つきとか顔とか表情とか雰囲気とか、要するにネットで増幅できない要素群があって、その両方が合わさって人間の魅力というものが形作られていきますよね。そしてその魅力の総体が、幸せに暮らしていける条件になっていく。そこで、その魅力を構成している二つの要素というのは、どの位の比率だと思われますか？

平野　頭の良さというのをどう考えるかだと思うんですよ。物知りのことか、論理的な思考のできる人のことか、何かが起こった時にすぐに対応できる人か、ウィットに富んだ人か、あるいは、人の複雑な気持ちが分かるということだって、頭の良さと言えるかもしれない。

梅田　人間の魅力を構成要素に分割して考えるなんておかしな話だけど、ネットで増幅できる要素と、ネットで増幅できない要素を、分けて考えることが大事だと思うんです。

ネットで増幅可能な教養の核ゆえの魅力みたいなところと、ネットで増幅できない外側ゆえの魅力との比率が、感覚的ではあるけどせいぜい五分五分位だったらいい、と個人的には思うんです。でもそれが、教養の核が七で、外側の要素は三とか、あるいは八対二だとかいうことになると、やっぱり社会全体の体感格差は、今よりも結構厳しくなってしまう。ネットの増幅能力ってとてつもないですから。

平野さんの『顔のない裸体たち』でも、描かれた男女の関係は、教養以外の残った部分の魅力で結びついた人たちの姿で、そこに離れがたいものがあるということをクローズアップされていましたよね。だから、外側の要素が本当に魅力というものを大きく占めるなら、ネットの問題って限定的に捉えておいても大丈夫かもしれない。どんなに脳の内部に教養の核が出来たって、やっぱり身体的なものとかその外の魅力で、色々出来る可能性があるけど、この部分の比率が小さくなってしまったら苦しいかもしれない。

平野　僕は、一般化は難しいと思うんですね。人の好き嫌いってどういうことなのか、僕もよく考えるんですけど、例えば、人に好かれるふるまいというのは、ある程度までは容易に出来ると思うんですよ。

梅田　それは頭でコントロール出来るってことでしょうか。

平野　そうですね。少なくとも、嫌われないふるまいというのは。こういう言い方をすると不愉快に感じるだろうとか、こうすれば喜ぶはず、というような社会的なコードがあって、それを学んでいけばいいわけです。しかし、じゃあそれ以上の付き合いになるかどうかというのは、また別の要因があると思うんです。なんである人のことを好きになるのか、というのは、かなり複雑なことでしょうね。

●テクノロジーが人間に変容を迫る

平野　この対談のテーマの一つとして僕が拘《こだわ》ったことなんですが、結局、身体性から切り離されたところで、あらゆる人間が活発に活動するようになったというのが、ウェブ登場による一番の変化なんだと思います。それも、今までの電話なんかみたいに、僕という人間が、言葉を挿《はさ》んで、その向こうに身体を備えた具体的な誰かとコミュニケーションしてるという感じではなくて、梅田さんの言葉でいうなら、「分身」をウェブの世界に放り込むような感じですね。そこから更に、そうしたアイデンティティからも切り離された「書き言葉」そのものが、匿名化されてダイナミックに流動化し始めたのがウェブ2・0以降なんでしょう。

リアル世界でどうふるまうかというのは、これまで自問自答だったわけですけど、今はもしかすると、ネットの世界の中であらかじめシミュレーションなんかも出来るのかもしれない。ブログやSNSに今度友達に言いたいことをとりあえず書いてみて、本当に言うかどうか考えるとか、それに対する反応を見て、言う内容を修正するとか。あるいは、とりあえず匿名の分身にネットの中でシミュレーション的に活動させてみて、成果が出て来たら、リアル社会の自分に接続させるという二段階を踏まえるつもりの人もいるでしょう。人間の変容という観点に絞ってみれば、やっぱり多くの人が自分で自分を言語化してゆくようになった、というのが圧倒的に大きいでしょうね。その中で、自分が今までよりもよく分かったり、逆に自分を錯覚してしまったり、固定化してしまったりする。

梅田　そうですね。アイデンティティが固定化されると、同じことを考えている人との共振があって、趣味や専門の「島宇宙」化していって、そのコミュニティの充足を目指していく。さっきも言ったように、それを僕はかなり肯定しています。人間がそう変容していくというのは、今までよりもずいぶん幸せな選択なのではないかと思います。自分とは何ぞや、と考えてみて、結局わからなくても、誤解であれ何か規定しながら少しでも生きやすく、ハッピーな時間が続くという生き方を、選んでいけばいいんじゃないかと思う。自分にとって心地よい空間を、無限性から切り取っていくらでも作れるのだから、そういう方向へ人間は変容していく。これがきっと僕のオプティミズムのベースにあるんだと思います。

平野　予測の立て方としては、結局のところ、僕もかなり近いですね。そうした中で、人がただ自分のことしか考えなくなってしまう、自分にとって心地よいことにしか関わり合わなくなるという危惧は、やっぱりありますけど。

梅田　無人島に一人取り残されてサバイブできますかと問われたら、ひ弱でしょう。例えば携帯を取り上げられると困惑する若者も同様でしょう。それを、人間は悪い方に変容してると考えることもできますよ。でも、電力供給と同じように、ネットがいきなり止まることを疑う必要などないほどに環境が進化した社会になれば、個としてはサバイバル力は弱くなってるとしても、そういう変容があってもいい、と僕は感じているんです。

平野　だから、オタクというのは、そういう時代の象徴的な現象なんですね。

梅田　ネットというのは、みんなが小さな島宇宙に充足するという方向を加速する道具であると思います。そうなると、どうなるんだろう、世の中全体は。

平野　そういう時に、例えばナショナリズムなんかが、ボコッとその島宇宙を束ねてしまったりするんですよね。アメリカがあんなバラバラの社会なのに、9・11で一気にまとまってしまうとか、逆に、イラク戦争が始まった時も、ヨーロッパでは「ブッシュが嫌い」って話題の時だけはみんなが握手し合うとか。もちろん、背景にはアメリカでの愛国教育だとか、色々なものがあるわけですが、久しく遠ざかっていた大きな物語が、何か救世主のように到来した時に、簡単にやられてしまう可能性はありますね。

梅田　なるほど。どんな大きな物語が到来するかってことですよね。

平野　結局政治的な問題だと思いますけど。これは、先ほどの『スター・ウォーズ』の話とは無関係ですけど、イラク戦争の時、フランスの若い子たちの間には、ブッシュをダースベイダーみたいに捉えていて、アメリカという悪の帝国が世界をダークサイドに導こうとしているというようなイメージを抱いていた人も結構多かったですよ。

梅田　政治家になろうと思う人が一人も出なくなる。平野さんが仰る、「自分にとって心地よいことにしか関わり合わなくなる」ってそういうことですよね。

平野　そうですね。政治家にならないまでも、選挙にも行かないとか。

梅田　しかし、テクノロジーが人間に変容を迫ってるということは、もはや逃れようがなく、個がネットの力を使って、ある種の島宇宙的充足の方向に向かうのは不可避だと思うんですよね。そういう前提で、社会改革の方法論が大きく変わっていく可能性に僕は期待したいです。既存の社会を前提に政治家になろうという人が仮に減っても、ネット上の一つの島宇宙としての社会貢献活動が活発化するみたいなイメージかな。オープンソースという現象だって、その萌芽と見ることもできると思います。

平野　そうですね、それはよく分かります。

●一九七五年以降に生まれた人たち

平野　まあ、これからは、人間の運動能力を労働力に換算して量的に計算するというようなことが、知性に関しても起こるのかもしれませんね。というより、もう起こっている。単純に考えたら、三人で話しているより、百人と話しているほうが、画期的な意見が出る可能性は高いわけですが、それが現実になったというのはすごいことだと思います。

梅田　僕らの世代、平野さんの世代くらいまでのネット上でのふるまいは想像できるんだけれども、今の小中学生らの世代がどうなっていくのかとなると想像もできない。どうなるのか、見てみたいですね。

平野　どうなっていくんですかね。

梅田　『ウェブ進化論』でグーグル世代とマイクロソフト世代が違うというのを書いたけれども、若いときに何に感動したかによって、何を生み出すかが違うと思うんです。だから十年後に出てくるサムシング・ニューは、今皆が議論していることとは絶対違うはずです。

平野　個人的には、この十年ぐらいの変化を、たまたま二十代で経験したのは大きかったと思いますね。まだなんとか頭も柔かくて、そこそこものを考える力もついてきた頃で。

梅田　僕は「一九七五年以降に生まれた人」ってよく言うんですが、「はてな」の近藤も、ミクシィの笠原健治社長も、平野さんもみんな一九七五年の生まれです。その前と後とで大きな断絶があって、一九七五年生まれの人はちょうど分水嶺《ぶんすいれい》に位置していますね。

平野　変化の年なんですかね。世代的には団塊ジュニアに当たるわけで、近藤さんの

『「へんな会社」のつくり方』という本を読んでいても、お父様の考え方に影響されたということが書かれていましたが。一つは、丁度、バブルと今の好景気との谷間に大学時代を過ごして、就職氷河期に社会に出なければならなかったというのもあると思いますけどね。大企業に就職するということに、みんな疑問を感じていましたし。それでベンチャーに行った人もいれば、僕みたいに小説なんて書き始めたのもいます。要するに世の中の現状に不満があって、みんな何か言いたいことがあったんじゃないですかね。その時に、小説という形式を通じてそれを表現することを考えたか、そうした無数の言葉を受け止めるためのシステムを開発することを考えたかというのが、同世代人としての僕と近藤さんたちとの共通点であり、また違いなのかもしれない。

梅田　一九九〇年代前半の日本って、閉塞感の強さという意味で確かに特異な時期だったかもしれませんね。一九七五年生まれの人たちは、その時期に十代の後半だったということですよね。それは大きいかもしれないな。自分のことを振り返ると、九一年末から九二年にかけてサンフランシスコに住み、日本に帰ってきて九三年から九四年まで東京に住んだんですが、その頃日本で感じた閉塞感の強さって本当にすごいものがありましたね。それで好対照のように、九三年末から九四年にかけて、シリコンバレー発でインターネットの波がやってきて、僕は居ても立ってもいられないような焦燥感にかられて、一日も早く東京を離れたいという気持ちでいっぱいになりました。それがエネルギー源になって、シリコンバレーに引っ越したんですよね。

それから、インターネットの普及が一年遅れで日本にやってきた。一九九五年のことですね。そのとき、一九七五年生まれの人は、皆、十九歳か二十歳なんですね。これに数年の差があるともう感覚が違っていて、当時二十三歳だった世代というのは、新入社員として古い文化の会社にどっぷり浸かって忙しくて、ネットに触れる環境になかった場合が多い。だから大学院に行ってない限り、七一、二年生まれというのは、案外感覚が古い。そして、七五年、七六年、七七年生まれ辺りが、ゴールデンエイジですね。

平野　実感として意識していた障壁を初めて越えた世代なんでしょうね。その後になるとネットは当たり前という感覚かもしれない。

梅田　そうなんです。前の世代が先にやっているから、一九八〇年前後の生まれの人たちは少し遅れてきた世代になります。ちなみにPC革命をドライブした、スティーブ・ジョブズやビル・ゲイツの世代の主だった人物は、ほぼ全員一九五五年生まれなんです。僕は一九六〇年生まれなんですが、自分たちは少し遅れてきた世代だと感じていました。

平野　ぴったりというのはすごいですね。コンピュータに関することだから一、二年のブレがない。僕は音楽好きなのでちょっと話が飛びますけど、ロックの「三大ギタリスト」と言われてるエリック・クラプトン、ジェフ・ベック、ジミー・ペイジって、みんな、四四、五年生まれで、その他、リッチー・ブラックモアとか、あの辺のハードロック黎明期《れいめいき》のイギリスのミュージシャンって、割とぴったりその年に生まれてるんですね。ポップスを聴いて育ってるから、何歳の時に何を聴いてとかいうことがあるんだろうし、エレクトリック・ギターの発展の歴史でも、何歳の時にファズボックスに出会ってとか、その辺がけっこう大きく影響してるんだと思います。ギターでこんな音が出せるんだっていう瑞々《みずみず》しい感動が彼らの音楽の土台にある。テクノロジーが大衆社会の「音」を牽引し始めたのがあの時代なんでしょう。その意味でも、技術的な進歩にどういう年齢で出会って、どういう魅了のされ方をするかというのは面白いですね。

梅田　僕にはこうした現象も含めて、ネット世界のことが面白くてしょうがないんだけれども、この感覚をシェアできる同世代の知人が本当に少ない。リアル世界の第一線で活躍している人ほど生活が忙しすぎて、知的好奇心の摩耗が起きている、という感じがするんです。

平野　現実主義と現実肯定主義が一緒になってしまっている人が多いんじゃないですかね。自分の「現実」から外れることに関しては、シニシズムに陥ってしまって、そこで話が終わってしまう。

梅田　シリコンバレーで僕が元気になれた源泉というのが、そこの感覚における日本との違いなんです。シリコンバレーでは、新しいことを面白いと思う大人が多く、彼らのほうが若者よりもおっちょこちょいなことを言い、若者の斬新な発想を何でも「やってみれば」と許してくれる。僕よりももっと年上の人が、いつも奇想天外なことを言っていて、それこそが大人の流儀だというような空気がある。

そしてやはりシリコンバレーのような土地では、グーグルや「はてな」の彼らのように、新しいタイプの人間が登場しつつあるんです。そういう連中と毎日付き合って見ていると、僕は、自分たちの世代よりいいものが生まれているという手応えを感じています。

平野　確かに違ってきていますね。

●百年先を変える新しい思想

梅田　ミクシィと「はてな」をとっても、共に三十歳の社長に率いられた新しいネット企業の代表格と目されていますが、ミクシィは今年上場しました。一方で「はてな」は、日本での上場をすぐには目指さず、アメリカ法人を作って冒険するという、これまでの常識から考えられない方向への動きを選択した。僕自身も最初は、近藤に翻意を促した方がいいと思ったのですが、世間の常識から「カネへの欲」を差し引いて、頭をまっさらにしてよくよく考えてみれば、近藤の「そっちの方が面白い」という発想の方がかえって自然なものに思えてきたんです。物心ついたときには豊かな日本に生きていた若者たちならではの金銭感覚なのかもしれませんが、過去に類例のないこの冒険を見守っていきたいと思っています。

そういう意味で、お金やイデオロギーに縛られず、一人ひとりの個が力を得て充実できるための技術を純粋に開発していく、そういう新しい思想を体現した人々が、どうもインターネットの周囲に現出し始めてるんじゃないかというのが、僕の考えです。でもあんまり簡単にそれを言葉にして断定したくない。今後も少なくともあと十年位は見極めてみたい、その現場で彼らと接していたい、という気持ちなんですよ。

平野　そういう彼らの人間観はどうなっているのか興味があります。

梅田　僕には欠けている資質ですが、時代の最先端を走る彼らには、さっきのジョブズやベゾスと同様に、やっぱり何か狂気みたいなものがあるんです。それがないと時代を大きく変えるようなことは出来ない。

平野　世界を鳥瞰《ちょうかん》して見るというか、もう人工衛星みたいな感覚なのかな、彼らが世界を見ているときの感覚は。グーグルアース(＊2)は実際そうですし。

梅田　インターネットの成り立ちの思想と、オープンソースの思想と、それを支えてるハッカー・エシックスみたいなものの組み合わせ。お金よりも賞賛であるとか、情報の占有より共有とか、そういう物の考え方の組み合わせは、やっぱりものすごく新しいことだと思います。ITの歴史はわずか五十年ですが、この五十年の中でその組み合わせからあるパワーが生まれつつあるということは、ITの進化がさらに進展する百年先までをずいぶん変えることになる一つの思想の出現なのではないかと考え始めています。

平野　ハッカー・エシックスとは、どういうものでしょうか。ハッカーの倫理ですか？

梅田　プログラマーという新しい職業に携わる人たちが共有する倫理観とでもいうべきものですね。プログラマーとしての創造性に誇りを持ち、好きなことへの没頭を是とし、報酬より称賛を大切にし、情報の共有をものすごく重要なことと考える、そしてやや反権威的、というような考え方の組み合わせというか、ある種の気概のようなものです。

平野　彼らはシリコンバレー以外でも生きられるんでしょうか。

梅田　これまではリアル世界の物理的制約があったから、シリコンバレーのような場所でしか生きにくかったのですが、今はネット上で生きられるから、物理的には世界中どこにでもいることができるようになって、彼らの存在が顕在化してきたんです。彼らの不思議な発想の意義も、同時代的にはほとんど理解されずに過小評価されています。僕は、リアル社会の中にも、彼らが生きていきやすい場所を、日本でもつくりたいと思ってるんですよ。そのほうがリアル社会でもハッピーになれて、しかも才能を発揮出来る人が山ほどいるはずですからね。だから日本にもシリコンバレーっぽい環境が出来たらいいなと思うし、逆に日本人だってどんどんこっちに来ればいいと考えて、「日本人一万人・シリコンバレー移住計画」(＊3)を立ち上げたわけです。

平野　それは、まさにリアル世界での動きですよね。それが、これからのウェブ時代の思想を体現した人たちの育ってゆくための土壌になる。そういう話には希望を感じますね。

梅田　変化し続けていく若い世代の彼ら彼女らが何に似ているかといえば、プロスポーツの世界と似ています。

平野　そうか、アスリートなんですね（笑）。

梅田　これまでは、シリコンバレーみたいなリアルな場所で、変化し続けて闘って、もう駄目だとなったらリタイアして、違う場所に移っていた。ただ、これからはそれにネット社会の中の生き場所という要素が一つ加わって、生き方も多様化していくでしょう。一生第一線で変化し続けるという生き方をするのは難しいんだけども、時々そういうことを生涯ずっとやり続けてロールモデルになる人々がいて、それが例えばスティーブ・ジョブズなんですよね。「この手で世界を変えるんだ」と言い続けるジョブズや、グーグルのラリー・ペイジやサーゲイ・ブリンのような連中は、とても厄介なものです。そういう厄介な連中の一挙手一投足を心から面白がる空気というのは、リアル社会の中ではシリコンバレーにしかないもので、言い換えれば、社会全体で彼らの狂気をサポートしているということなんでしょうね。僕は、それに続く若い世代の才能を、日本も、社会全体でサポートしていくようにならなくちゃいけないと、強く感じています。でもきっと日本はそういう方向に変化していきますよ。

＊1　フランスの社会学者。一九三〇〜二〇〇二年。主著に『資本主義のハビトゥス』、『ハイデガーの政治的存在論』など。

＊2　グーグルが二〇〇五年から無料提供しているバーチャル地球儀閲覧サービス。世界中の衛星写真を、検索し、ズームアップして見ることができる。

＊3　二〇〇二年、梅田望夫らが提唱した計画。推進組織としてシリコンバレーにＪＴＰＡ（http://www.jtpa.org/）というＮＰＯ組織が設立された。

おわりに

ウェブ進化はまだ始まったばかりである。

本当の大変化はこれから始まる。

次の十年、二十年、いま以上に激しいスピードでウェブ進化は続いていき、私たち一人ひとりに変容を迫っていく。

「インターネットが人間を変えるのであればどのように変えるのだろう、ということにずっと興味があって小説やエッセイを書いてきた」

と話す平野啓一郎さんとのウェブ進化をめぐる対談は、東京で二度に分けて行われたが、それぞれ延々ぶっ続けで八時間以上にも及んだ。午後四時に話し始めて深夜零時をまわるまで、どちらかがしゃべっていない時間はほとんどなかった。

平野さんという才能とへとへとになるまで語り合い、濃密な時を過ごすうちに、私の心はいつしか自由になり、ふだんは注意深く避ける表現や話題や仮説にも、思い切って踏み込んでいくことになった。

平野さんと私は「大きな時代の変わり目にどう生きるか」に強い関心があり、現代を「大きな時代の変わり目」たらしめる最大の要因の一つがウェブ進化だという認識で一致していた。

しかし話をしていくうちに、二人の間にあるさまざまな違いも面白いように浮き彫りになっていった。私はいまビジネスとテクノロジーの世界に住み、平野さんは文学の世界に生きている。しかし、そういうわかりやすい違いよりももっと深いところでの人生観のようなものが、ウェブ進化を語ることで現れてきたのがとても興味深かった。

たとえば、平野さんは「社会がよりよき方向に向かうために、個は何ができるか、何をすべきか」と思考する人である。まじめな人なんだなあと、話せば話すほど思った。

その点に関して言えば、私はむしろ「社会変化とは否応《いやおう》もなく巨大であるゆえ、変化は不可避との前提で、個はいかにサバイバルすべきか」を最優先に考える。社会をどうこうとか考える前に、個がしたたかに生きのびられなければ何も始まらないではないか、そう考えがちだ。

だから「個の変容」を考えるときも、個がサバイバルするための思考の枠組みを得たいから「社会変化の本質をマクロに俯瞰《ふかん》的に理解したい」と強く希求する。「社会の変容」への対応という視点から「個の変容」をとらえようとする傾向が強い。しかし平野さんは「人間一人ひとりのディテールをミクロに見つめること」によって「個の変容」を考え、その集積として「社会の変容」を考えようとする。

本書には、こうしたお互いの違いを発見しながら、少しずつ相手を理解していく過程が現れている。その結果本書は、ごつごつしたさまざまな刺激を含むものとなった。

しかしそれは、本書で取り上げたいろいろなテーマについて、「俺はこう思う」「私は……」と誰もが思わず語りたくなる土台としてのオープン性を、期せずしてもたらしたのではないかと思う。

本書の中でも少し触れたが、私は『ウェブ進化論』に対する感想を、ネット上で一万以上読み、そこからたくさんのことを学んだ。読者畏《おそ》るべし、と思うことしきりだった。

文章を構成する言葉の多義性や、言葉が喚起する豊穣なイメージゆえ、書くときに自分が意識していた以上のことを読者が汲み取り、それが読者固有の経験と結びつくことで新しい知が生まれ、それがウェブ空間を経由して私のところに還ってくる、という得がたい経験をたびたびした。

直感に基づき反射神経的に出た言葉も収録される対談という性格上、本書を構成する言葉は、小説や評論に比べ、話者の意識を超えたところで読者とつながる可能性を秘めている。その意味でも、本書をめぐるウェブ上での議論の発展を楽しみに待ち、それに参加したい。

ところで『ウェブ人間論』というタイトルの本書は、「ウェブ・人間論」と「ウェブ人間・論」との間を往来していると言える。

ウェブが広く人間にどう影響を及ぼしていくのか、人間はウェブ進化によってどう変容していくのだろうかという意味での「ウェブ・人間論」。

グーグル創業者や世界中に散らばるオープンソース・プログラマーのようなウェブ新世界を創造する最先端の人々、ウェブ進化とシンクロするように新しい生き方を模索する若い世代、そんな「ウェブ人間」を論ずる「ウェブ人間・論」。

この二つの「論」が「クモの巣」（ウェブ）の放射状に走る縦糸と同心円を描く横糸になって、本書は織り成されている。そんな視点から改めて本書を眺めていただくのも一興かと思う。

本書は、新潮社の桜井京子さんの労に負うところが大きい。共著者を代表して感謝の気持ちを表したい。ありがとうございました。

二〇〇六年十一月

梅田望夫

梅田望夫　1960年東京都生れ。慶應義塾大学工学部卒。東京大学大学院情報科学科修士課程修了。94年よりシリコンバレー在住。97年にコンサルティング会社、ミューズ・アソシエイツを創業。05年より㈱はてな取締役。著書は『ウェブ進化論』『シリコンバレー精神』。

平野啓一郎　1975年愛知県生れ。京都大学法学部卒。99年在学中に文芸誌「新潮」に投稿した『日蝕』により芥川賞を受賞。以後、旺盛に作品を産み出し、02年発表の大長編『葬送』は、各国で翻訳紹介されている。著書は『滴り落ちる時計たちの波紋』『顔のない裸体たち』など。

Ⓢ新潮新書

193

ウェブ人間論《にんげんろん》

著　者　梅田望夫《うめだもちお》　平野啓一郎《ひらのけいいちろう》

2006年12月20日　発行

発行者　佐　藤　隆　信

発行所　株式会社新潮社

〒162-8711　東京都新宿区矢来町71番地

編集部(03)3266-5430　読者係(03)3266-5111

http://www.shinchosha.co.jp

印刷所　二光印刷株式会社

製本所　株式会社大進堂

ISBN4-10-610193-9　C0236

新潮新書

190 **会議で事件を起こせ** 山田豊

「独演会現象」「様子見現象」「被告人現象」「脱線現象」……。あなたの参加する会議にはどんな問題現象が起きていますか。完全実践用「会議の技術」決定版。

188 **自分らしい逝き方** 二村祐輔

理想の逝き方、納得できる見送り方とは――。「葬儀と告別式の違い」「お布施や戒名料の意味」「なまぐさ坊主との接し方」「供養の長期的展望」等、身近な問題から考える。

176 **ＳＦ魂** 小松左京

『日本沈没』『復活の日』『果しなき流れの果に』――今なお輝く作品群はいかにして誕生したのか。日本ＳＦ界の巨匠が語る黄金時代、創作秘話、そしてＳＦの真髄！

165 **御社の営業がダメな理由** 藤本篤志

営業のメカニズムを解き明かす三つの方程式。その活用法を知れば、凡人だけで最強チームを作ることができる。「営業力」に関する幻想を打ち砕く、企業人必読の画期的組織論の誕生。

137 **人は見た目が9割** 竹内一郎

言葉よりも雄弁な仕草、目つき、匂い、色、距離、温度……。心理学、社会学からマンガ、演劇のノウハウまで駆使した日本人のための「非言語コミュニケーション」入門！